SIMPLY

ASTRONOMIE

DK

DK Penguin Random House

Lektorat
Peter Frances, Michael Clark, Angeles Gavira Guererro, George Nimmo, Liz Wheeler, Jonathan Metcalf

Gestaltung und Bildredaktion
Phil Gamble, Jessica Tapolcai, Michael Duffy, Karen Self

Umschlaggestaltung
Akiko Kato

Herstellung
Laura Andrews

Für die deutsche Ausgabe:
Redaktionsleitung Dr. Kerstin Schlieker
Herstellungskoordination Bianca Isack
Herstellung Inga Reinke

Titel der englischen Originalausgabe:
Simply Astronomy

Übersetzung Birgit Reit
Lektorat Dr. Stephan Matthiesen

ISBN 978-3-8310-4609-6
5902-319160-22681-04

Druck und Bindung TBB, a.s., Slowakei

FSC www.fsc.org
MIX
Papier | Fördert gute Waldnutzung
FSC® C018179

www.dk-verlag.de

Redaktionelle Beratung

Dr. Jacqueline Mitton ist Autorin, Co-Autorin und Herausgeberin von mehr als 30 Büchern über Astronomie für Erwachsene und Kinder. Nach ihrem Physikstudium an der Universität Oxford promovierte sie an der Universität Cambridge.

Beitragende Autoren

Abigail Beall studierte Physik an der Universität von Durham und ist als Wissenschaftsjournalistin und Autorin tätig. Sie schreibt und spricht regelmäßig über Astronomie und Sternbeobachtung in Zeitschriftenkolumnen sowie im Rundfunk.

Philip Eales absolvierte ein Studium in Physik und Fernerkundung am University College London. Er schreibt nicht nur über Erd- und Weltraumforschung, sondern leitet auch ein Computergrafik-Unternehmen, das sich auf die Visualisierung von astronomischen und geografischen Daten und Phänomenen spezialisiert.

Anton Vamplew ist freiberuflicher Astronom und verfasst Bücher und Zeitschriftenartikel über Astronomie. Zehn Jahre lang arbeitete er im Planetarium des Royal Greenwich Observatory und er ist auch regelmäßig für Fernsehen und Rundfunk tätig.

INHALT

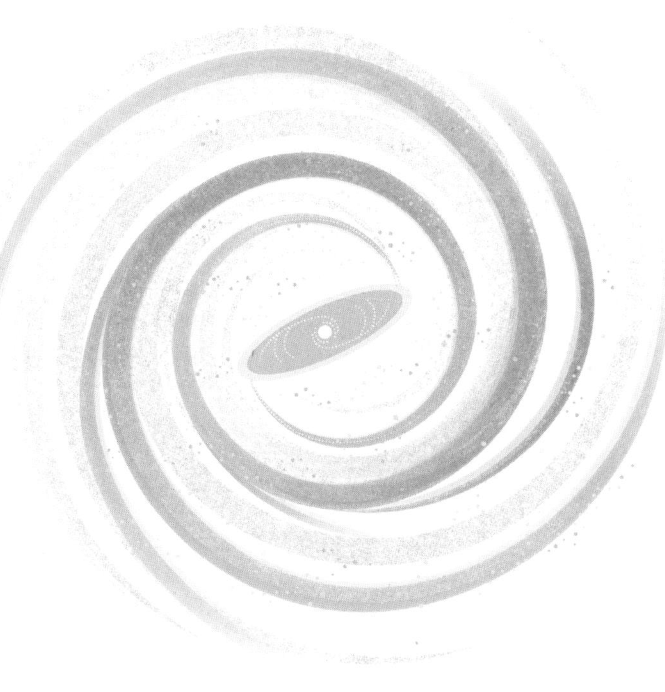

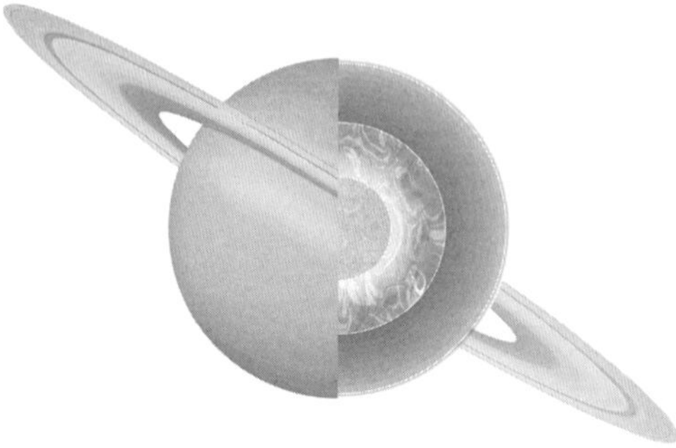

DAS **SONNENSYSTEM**

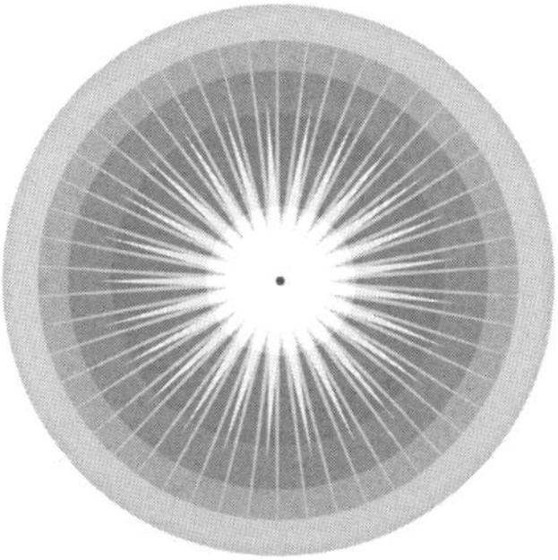

STERNE UND **GALAXIEN**

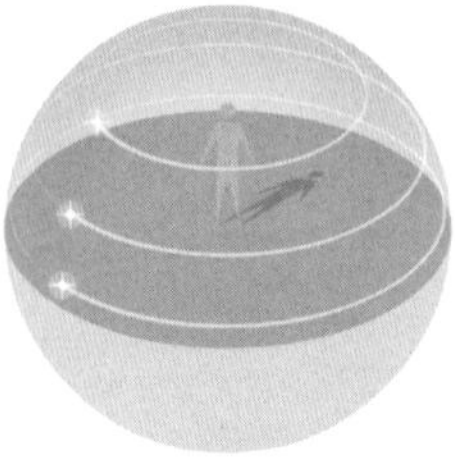

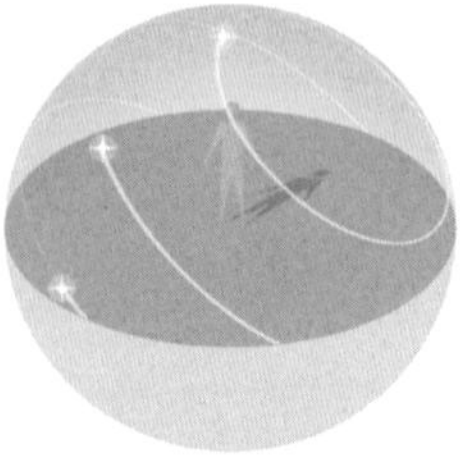

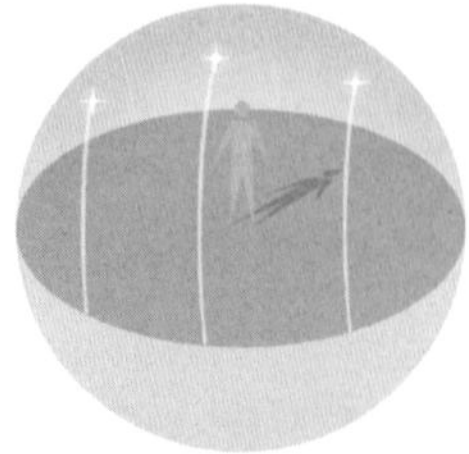

DEN **NACHTHIMMEL BEOBACHTEN**

DIE **STERNBILDER**

WAS IST ASTRONOMIE?

DER STERNHIMMEL hat eine geheimnisvolle, faszinierende Wirkung auf uns Menschen. Die Astronomie verfolgt das Ziel, das Universum zu enträtseln und einige grundlegende Fragen zu beantworten, zum Beispiel: Wie hat alles begonnen? Gibt es Leben außerhalb der Erde? Einige der Rätsel wurden zwar inzwischen gelöst, aber das Wunder bleibt – ja, die moderne Wissenschaft zeigt uns sogar, dass der Kosmos noch größer, seltsamer und komplexer ist, als die Menschen es noch vor wenigen Jahrhunderten für möglich erachteten. Dem bloßen Auge erscheinen beispielsweise Sterne nur wie kleine Lichtpunkte. Mithilfe von Teleskopen und anderen Instrumenten sehen wir jedoch, dass jeder dieser Punkte ein Stern wie unsere Sonne ist. Wir wissen, dass Sterne Kugeln aus unglaublich heißen Gasen sind, in denen Kernfusionsreaktionen ablaufen, sodass sie Energie ausstrahlen. Darüber hinaus haben wir erkannt, dass Sterne komplizierte – ja, oft sogar spektakuläre – Lebensläufe haben und dass sehr viele von ihnen von Planetensystemen umkreist werden. Aus der Ferne sehen einige dieser fernen Planeten der Erde recht ähnlich.

Der Astronomie gelangen im Lauf ihrer Geschichte viele Fortschritte durch technische Neuerungen und durch verbesserte wissenschaftliche Erkenntnismethoden. Gerade die letzten zwei Jahrzehnte brachten hier große Veränderungen. Wir haben heute Teleskope in der Erdumlaufbahn und blicken damit sehr tief ins All hinaus (und damit weit zurück in die Vergangenheit). Wir senden Roboter aus, die andere Himmelskörper erforschen. Doch trotz aller bisherigen Leistungen bleiben viele Fragen offen. Wir können weder die Form noch die Größe des Universums beschreiben und mehr als 95 Prozent seiner Materie sind für uns unsichtbar. Das Universum gibt seine Geheimnisse keineswegs so einfach preis.

DAS UNIVER

SUM

Das Universum umfasst alle Materie, Energie, Raum und Zeit. Seine schiere Größe lässt es unbegreiflich und rätselhaft erscheinen. Doch selbst die größten Strukturen bestehen alle aus den gleichen chemischen Elementen, die wir auf der Erde – und auch im Körper – haben, und alle Atome und subatomaren Teilchen sind den gleichen Grundkräften unterworfen. Teilchen und Kräfte lassen sich bis in die Frühgeschichte des Universums zurückverfolgen, die mit dem Urknall begann. Seither dehnt sich alles aus einem unvorstellbar heißen, unendlich kleinen, dichten Punkt aus, kühlt ab und entwickelt sich in extrem langen Kreisläufen, in denen die ursprünglichen Stoffe recycelt und über Zeit und Raum verteilt werden.

Entfernungen im Weltall

In dieser Grafik vergrößert sich die Entfernung zwischen zwei Schritten auf der Skala jeweils um das 100-Fache, sonst ließe sich das Universum hier nicht darstellen. Viele Abstände sind in Lichtjahren angegeben. Ein Lichtjahr bezeichnet die Strecke, die Licht in einem Jahr zurücklegt, also rund 9,5 Billionen Kilometer.

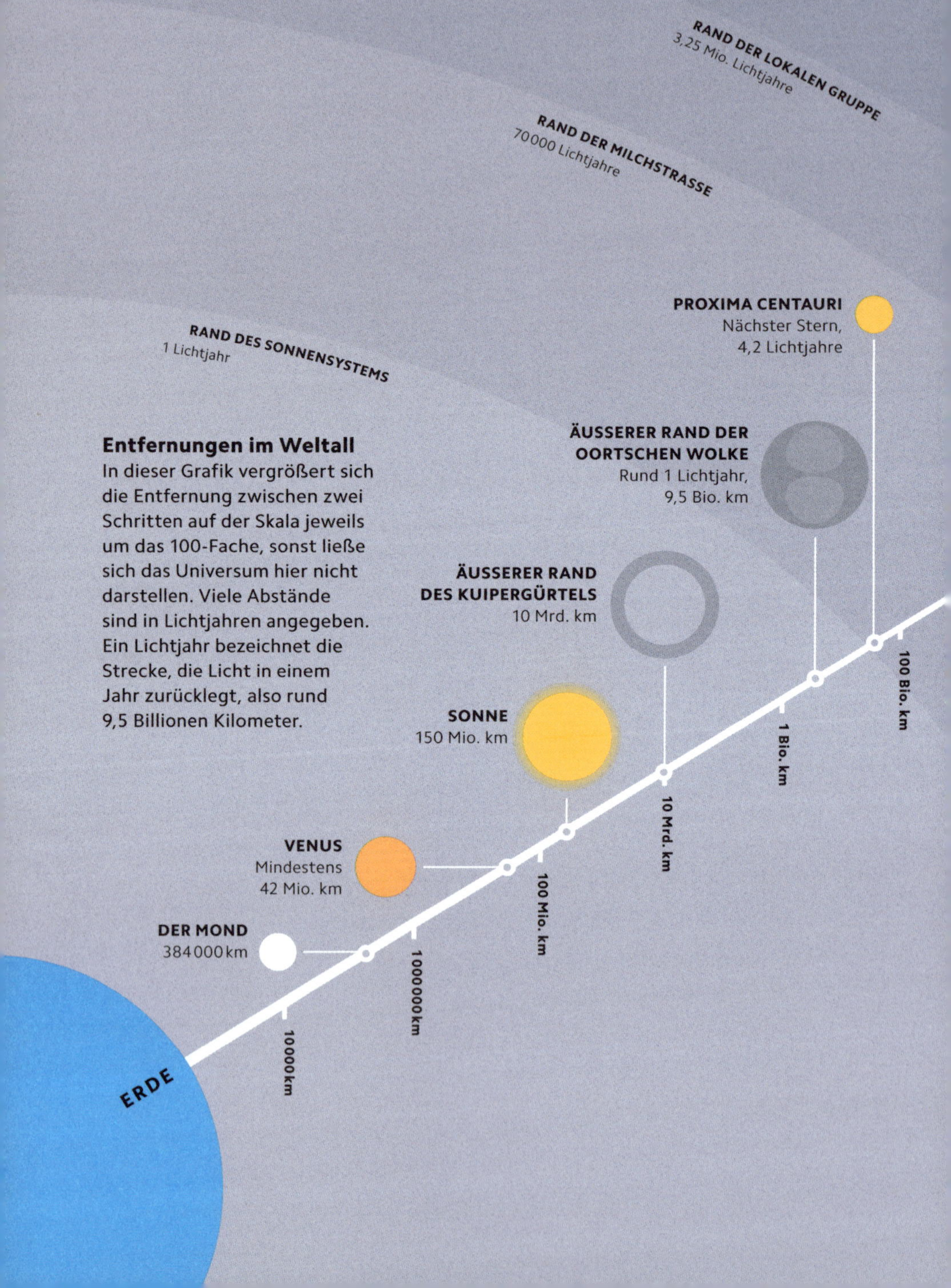

DIMENSIONEN IM WELTRAUM

Das Universum umfasst alles, was existiert. Wir wissen nicht, wie groß es ist, weil wir nicht alles sehen können, aber selbst der Teil, den wir überblicken, ist riesengroß. Das Licht, das von seinem Rand mit 299 792 Kilometern pro Sekunde zu uns kommt, hat 13,8 Milliarden Jahre gebraucht, um uns zu erreichen. Auch die Materiemenge ist unglaublich. Die Sonne ist einer von vielleicht 400 Milliarden Sternen in unserer Galaxie – und es gibt insgesamt wohl 2 Billionen Galaxien.

Strukturen im Weltraum
Die Himmelsobjekte fügen sich in eine Hierarchie von Strukturen ein, die alle durch Gravitation gebunden sind. Die Planeten und kleineren Körper im Sonnensystem werden von dieser Schwerkraft in einer Umlaufbahn um die Sonne gehalten. Das Sonnensystem selbst ist Teil der Milchstraße.

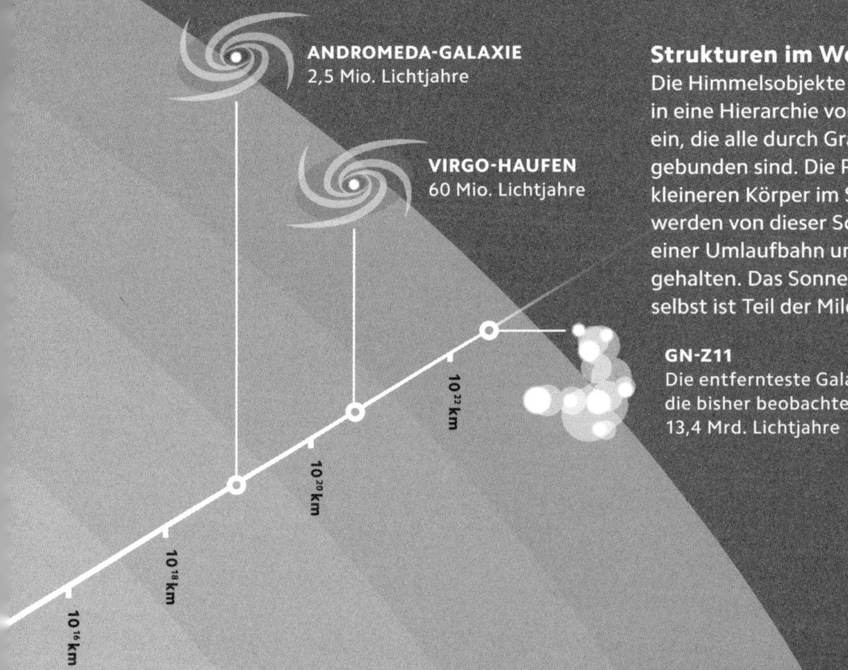

Das Sonnensystem
Das Sonnensystem ist der Teil des Alls, in dem die Gravitation der Sonne wirkt. Die Sonne wird von Gesteinsplaneten und Riesenplaneten, ihren Monden und zahllosen Asteroiden und Kometen umkreist.

Gas und Staub
Über 90 Prozent der bekannten Materie liegen in Form von Gas vor, das zwischen Sternen und Galaxien treibt. Das meiste davon ist Wasserstoff. In dichteren Gas- und Staubwolken in Galaxien bilden sich Sterne.

Sterne
Ein Stern ist eine massereiche, heiße Gaskugel, die Strahlung aussendet, weil in ihrem Kern Kernfusion stattfindet. Die Sonne ist ein mittelgroßer Stern, es gibt aber auch Zwerg- und Riesensterne.

DIE SONNE

STERNENTSTEHUNGSGEBIET

RIESENSTERN

RIESENPLANET

INTERSTELLARES MEDIUM (GAS UND STAUB)

SONNENÄHNLICHER STERN

GESTEINSPLANET

ZWERGSTERN

MOND

ASTEROID

KOMET

HIMMELSKÖRPER

Das Universum enthält Energie, Raum und Materie. Materie ist alles, was eine Masse hat und daher von der Gravitation beeinflusst wird. Der größte Teil davon treibt als Gas im All, aber andere Teile lagern sich zusammen und bilden Objekte wie Sterne und Planeten. Zudem gibt es eine Art von Materie, die wir nicht sehen können – sie macht sogar den größten Teil aus. Astronomen bezeichnen sie als Dunkle Materie (siehe S. 30).

Überreste von Sternen

Sterne strahlen nicht ewig. Ist ihr Brennstoff aufgebraucht, hinterlassen sie, je nach Größe, verschiedene Überreste. Dazu gehören z. B. so extreme Objekte wie Neutronensterne und Schwarze Löcher.

SUPERNOVA-ÜBERREST

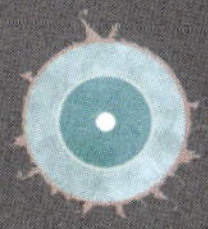

PLANETARISCHER NEBEL

NEUTRONENSTERN

SCHWARZES LOCH

Galaxien

Eine Galaxie ist eine Ansammlung von Sternen (die oft Planeten haben), Gas und Staub. Es gibt verschiedene Formen und Größen, von einigen Millionen bis hin zu mehreren Billionen Sternen.

SPIRALGALAXIE

ELLIPTISCHE GALAXIE

IRREGULÄRE (UNREGELMÄSSIGE) GALAXIE

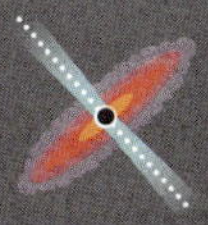

AKTIVE GALAXIE

Gruppen von Galaxien

Fast alle Galaxien gehören zu einem Haufen, der durch Gravitation zusammengehalten wird. Haufen lagern sich zu Superhaufen zusammen. Galaxien-Superhaufen sind die größten bekannten Strukturen.

GALAXIENHAUFEN

GALAXIEN-SUPERHAUFEN

In dem Teil des Universums, den wir sehen können, gibt es etwa 2 Billionen Galaxien.

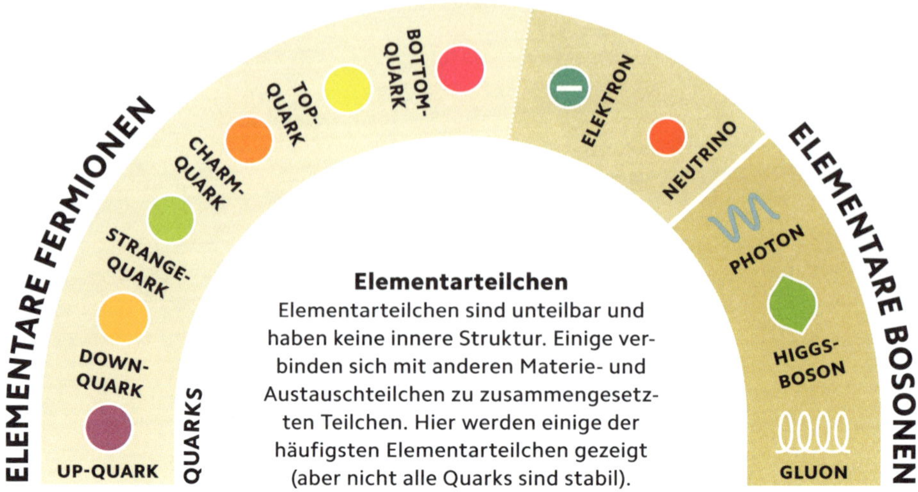

Elementarteilchen
Elementarteilchen sind unteilbar und haben keine innere Struktur. Einige verbinden sich mit anderen Materie- und Austauschteilchen zu zusammengesetzten Teilchen. Hier werden einige der häufigsten Elementarteilchen gezeigt (aber nicht alle Quarks sind stabil).

DIE KLEINSTEN EINHEITEN

Die Objekte im Universum nehmen unzählige Formen an, von den vertrauten Gesteinsplaneten bis hin zu extrem heißen Sternen und unendlich dichten Schwarzen Löchern. Doch so verschieden sie sind: Sie alle bestehen aus denselben Elementarteilchen. Neben den Materie bildenden Teilchen, den Fermionen, gibt es die Bosonen, die Kräfte zwischen den Materieteilchen übertragen.

PROTON

Zusammengesetzte Teilchen
Sie werden auch als Hadronen bezeichnet und haben einen inneren Aufbau. Zu ihnen gehören die Protonen und Neutronen, die einst selbst als Elementarteilchen galten. Heute weiß man aber, dass sie aus Quarks bestehen, die durch Gluonen verbunden sind.

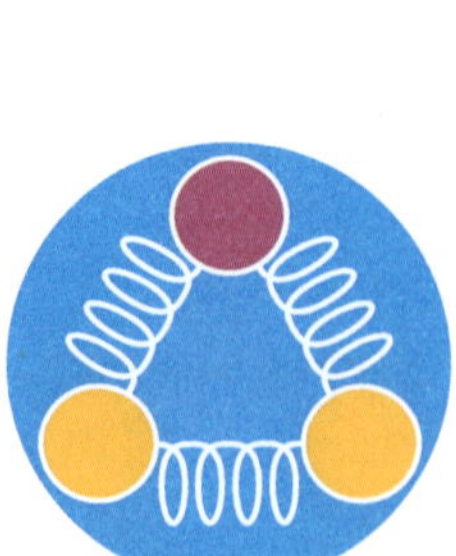

NEUTRON

BAUSTEINE

ELEKTRONEN

In dem Raum rund um den Kern befinden sich negativ geladene Elektronen. Der Bereich, in dem sie sich wahrscheinlich aufhalten, heißt Elektronenwolke.

ATOMKERN

Der Kern im Mittelpunkt jedes Atoms enthält positiv geladene Protonen. Die Kerne aller Atome (außer Wasserstoff) enthalten zudem Neutronen. Diese haben aber keine Ladung, sodass der Kern insgesamt positiv geladen ist.

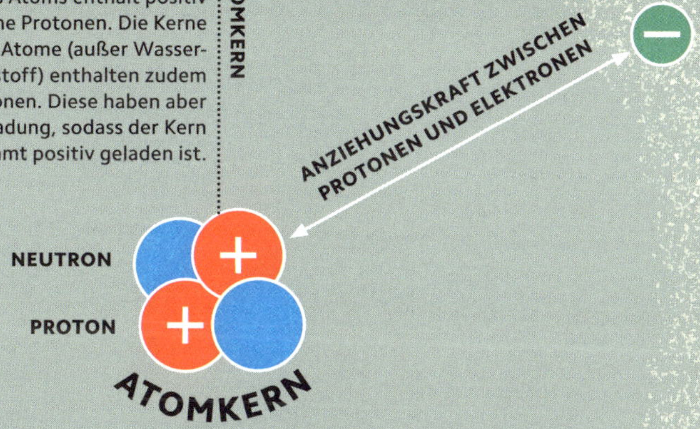

Fast alle Materie ist aus Atomen aufgebaut, die aus Protonen, Neutronen und Elektronen bestehen. Die positive Ladung der Protonen und die negative Ladung der Elektronen gleichen sich aus. Wenn aber ein Atom Elektronen aufnimmt oder abgibt, ist es geladen und man nennt es Ion.

Atomaufbau

Die Atomkerne jedes Elements enthalten jeweils eine charakteristische Anzahl von Protonen. Ein neutrales Heliumatom hat einen Kern mit zwei Protonen und zwei Neutronen und eine Hülle aus zwei Elektronen.

Radiowellen
Die Wellenlängen von Radiowellen betragen oft viele Meter. Sie werden z. B. von Sternen, Supernova-Überresten, Galaxien, Quasaren und Pulsaren ausgesandt.

Mikrowellen
Die älteste Strahlung, die kurz nach dem Urknall entstand, ist inzwischen so stark abgekühlt, dass sie vor allem in Form von Mikrowellen vorliegt. Mit ihrer Hilfe werden u. a. interstellare Moleküle entdeckt.

Infrarotwellen
Infrarot ist als Wärme wahrnehmbar. Die Strahlung wird von Galaxien, Nebeln und interstellarem Gas und Staub ausgestrahlt.

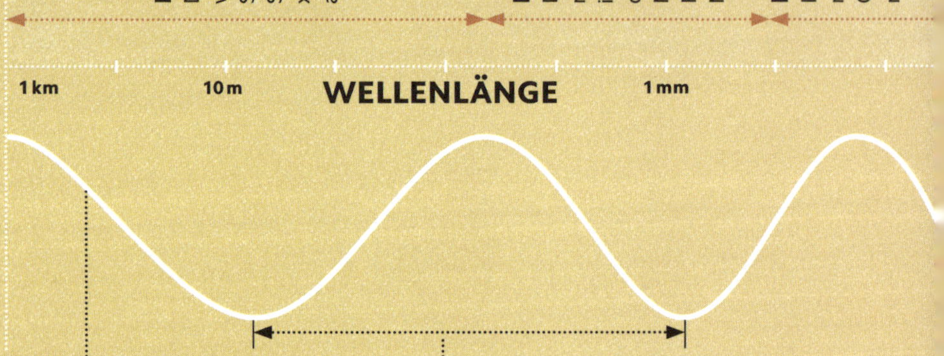

FREQUENZ
Die Wellenfrequenz gibt an, wie viele Täler in einer Sekunde einen bestimmten Punkt passieren. Langwellige Strahlung hat eine niedrige Frequenz, kurzwellige eine hohe.

WELLENLÄNGE
Der Abstand zwischen zwei aufeinanderfolgenden Gipfeln oder Tälern gibt die Wellenlänge an. Radiowellen sind die längsten Wellen, Gammastrahlen die kürzesten.

> **Alle Formen der elektromagnetischen Strahlung bewegen sich mit Lichtgeschwindigkeit durch den Weltraum.**

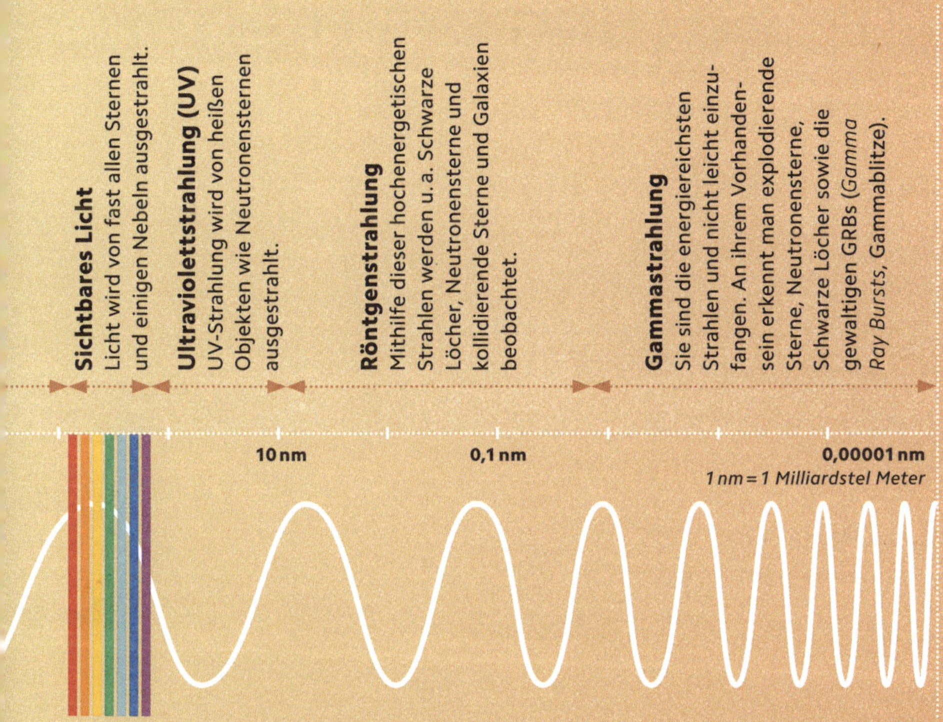

DAS GANZE SPEKTRUM

Elektromagnetische Wellen breiten sich aus und übertragen Energie. Gemeinsam mit der Materie sind sie die wichtigsten Bestandteile des Universums. Jede normale Materie strahlt elektromagnetische Wellen aus, die sich auch durch Vakuum fortbewegen. Die bekannteste Form ist das sichtbare Licht, doch es gibt auch andere Formen wie Radiowellen und Röntgenstrahlen. Der Unterschied liegt in der Wellenlänge und ihrer Wechselwirkung mit Materie. Der gesamte Bereich der Wellenlängen heißt elektromagnetisches Spektrum.

AUFSPALTUNG DES LICHTS

Die Atome jedes Elements emittieren und absorbieren Strahlung mit charakteristischen Wellenlängen (siehe S. 16–17). Wenn Astronomen also das ausgestrahlte Licht von Objekten wie Sternen oder Nebeln untersuchen, können sie die Elemente bestimmen, aus denen sie bestehen. Das Strahlungsspektrum eines Objekts ist so einzigartig wie ein Fingerabdruck. Die Untersuchung dieser »Fingerabdrücke« nennt man Spektroskopie und die Instrumente, mit denen sie aufgezeichnet und analysiert werden, heißen Spektrografen.

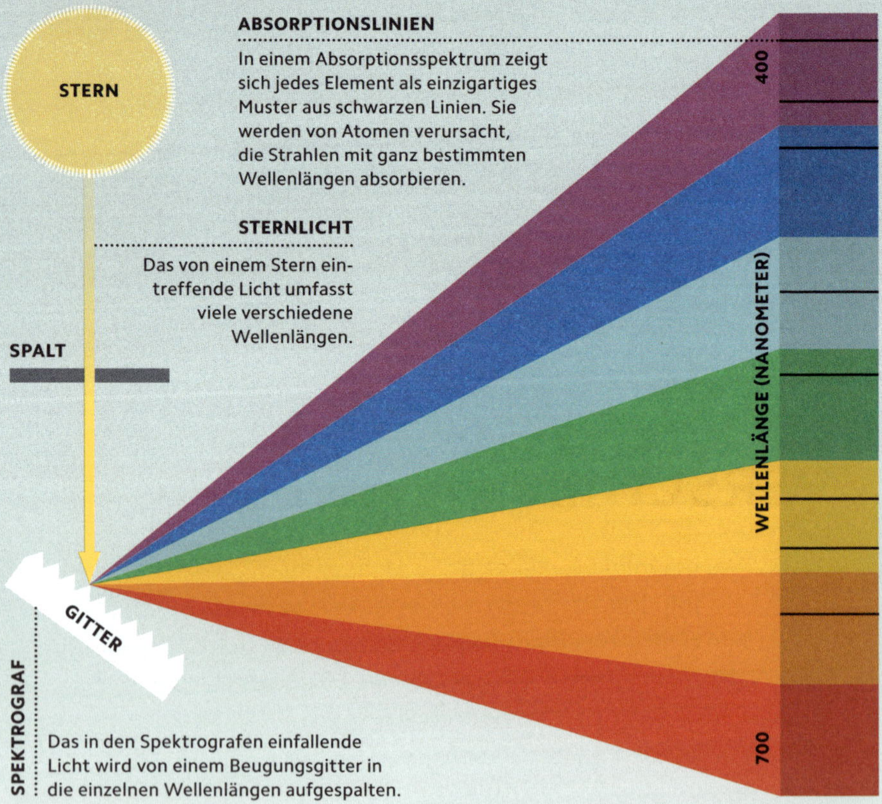

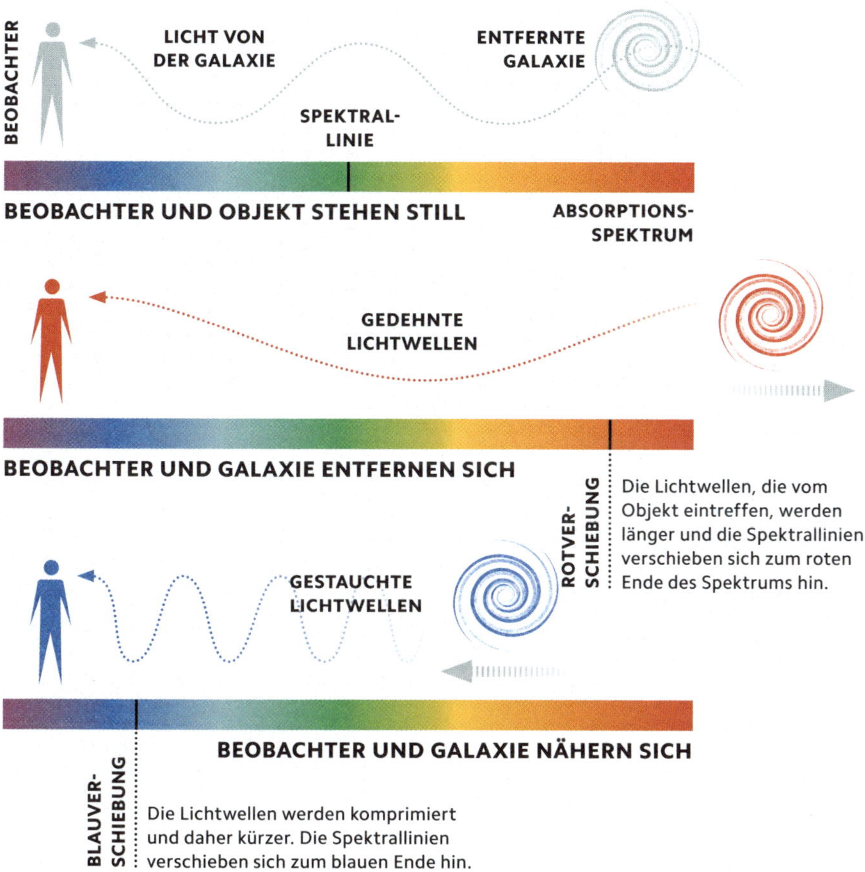

VERSCHIEBUNG DES LICHTS

Das von einem Objekt ausgestrahlte Licht zeigt nicht nur, woraus das Objekt besteht, sondern auch, wohin es sich bewegt. Wenn sich eine Lichtquelle relativ zu einem Beobachter bewegt, beobachtet er eine andere Farbe, als wenn beide stillstehen. Entfernt sich das Objekt, so verschiebt sich sein Spektrum in Richtung des roten Bereichs. Kommt das Objekt dagegen näher, verschiebt es sich zum blauen Bereich hin. Je schneller die relative Bewegung, desto stärker ist die Verschiebung.

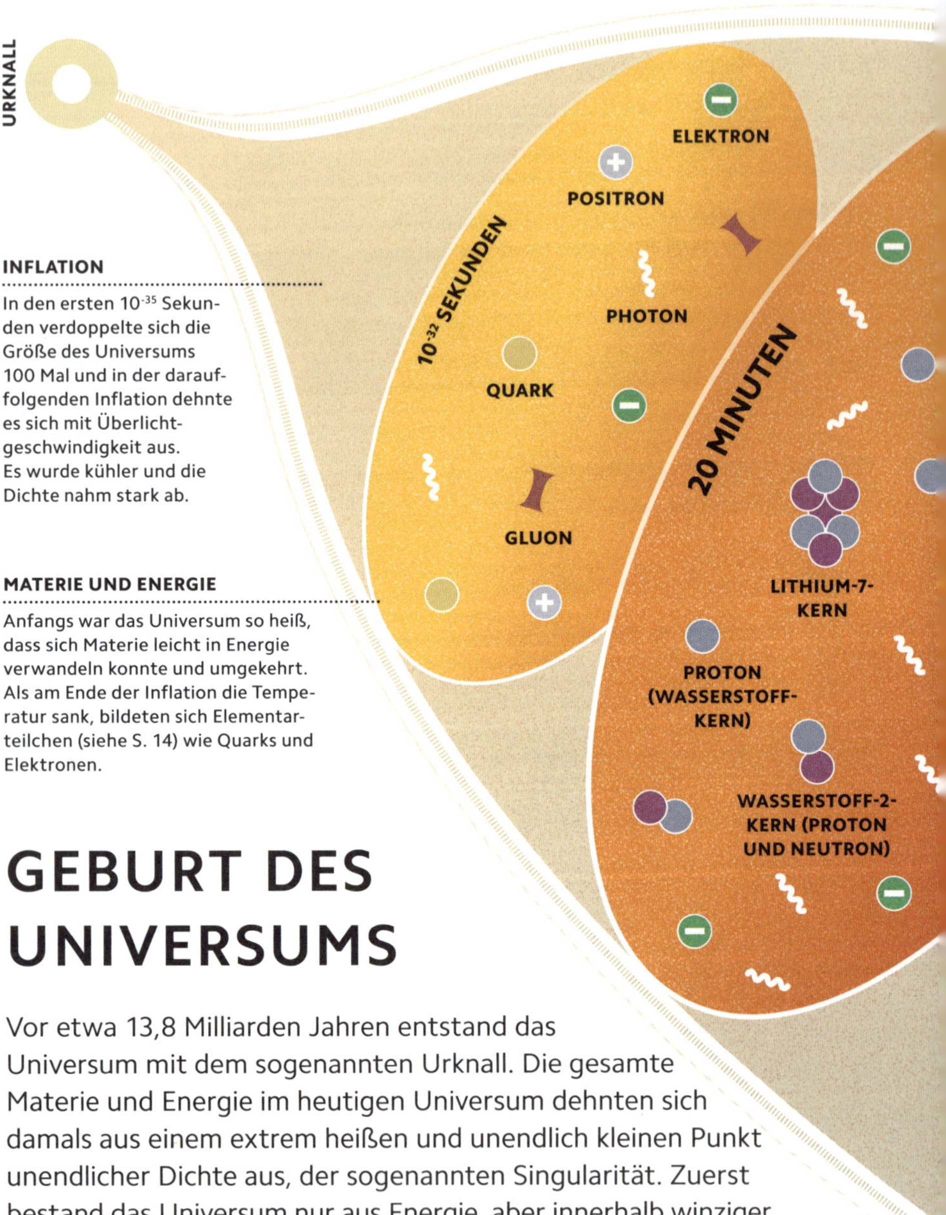

INFLATION

In den ersten 10^{-35} Sekunden verdoppelte sich die Größe des Universums 100 Mal und in der darauffolgenden Inflation dehnte es sich mit Überlichtgeschwindigkeit aus. Es wurde kühler und die Dichte nahm stark ab.

MATERIE UND ENERGIE

Anfangs war das Universum so heiß, dass sich Materie leicht in Energie verwandeln konnte und umgekehrt. Als am Ende der Inflation die Temperatur sank, bildeten sich Elementarteilchen (siehe S. 14) wie Quarks und Elektronen.

GEBURT DES UNIVERSUMS

Vor etwa 13,8 Milliarden Jahren entstand das Universum mit dem sogenannten Urknall. Die gesamte Materie und Energie im heutigen Universum dehnten sich damals aus einem extrem heißen und unendlich kleinen Punkt unendlicher Dichte aus, der sogenannten Singularität. Zuerst bestand das Universum nur aus Energie, aber innerhalb winziger Sekundenbruchteile hatte es sich bereits sehr schnell erweitert und ein Meer aus Materie- und Kraftteilchen hervorgebracht. Das Universum expandiert heute noch immer weiter.

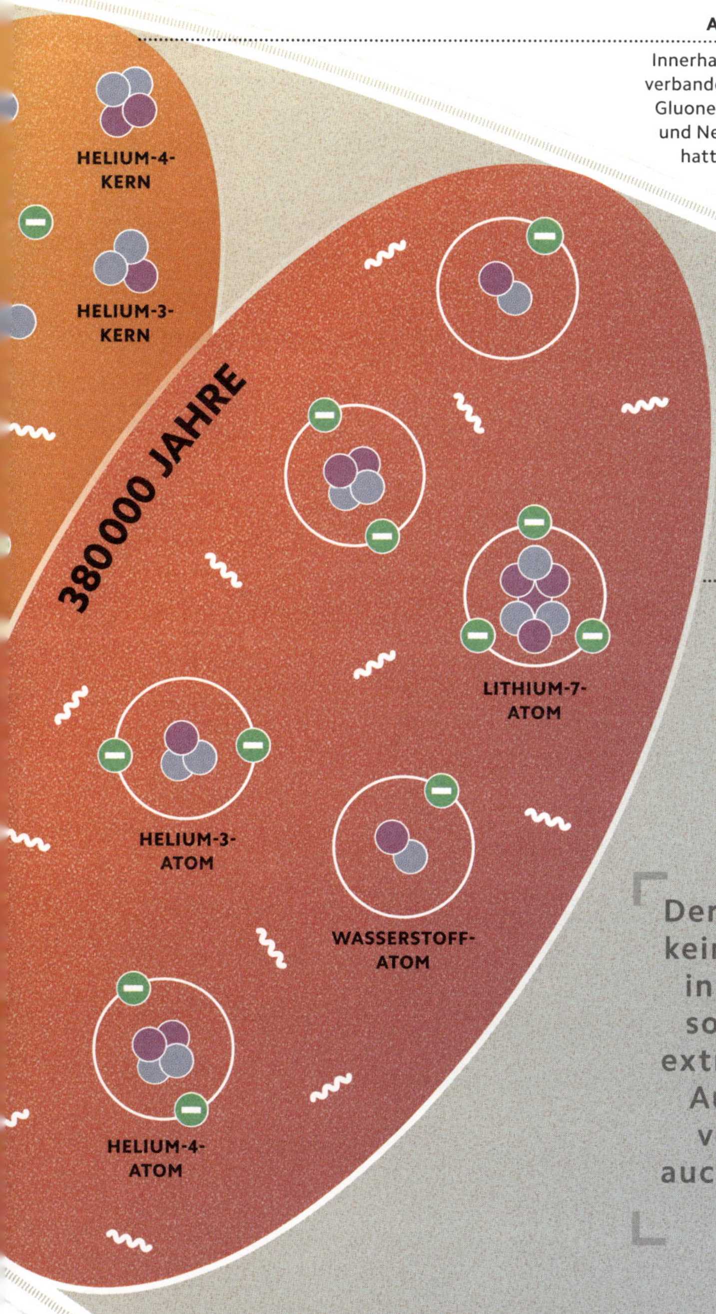

ATOMKERNE BILDEN SICH

Innerhalb einer Millionstelsekunde verbanden sich Quarks mithilfe von Gluonen miteinander zu Protonen und Neutronen. Nach 20 Minuten hatten sich einige von ihnen zu Atomkernen zusammengelagert.

DIE ERSTEN ATOME

Atome entstehen erst, wenn Elektronen die Atomkerne umkreisen, doch dafür war das frühe Universum zu heiß und zu dicht. Es dauerte noch 380 000 Jahre, bis die richtigen Bedingungen herrschten.

> **Der Urknall war keine Explosion in den Raum, sondern eine extrem schnelle Ausdehnung von allem – auch des Raums selbst.**

ES WIRD LICHT

Nach kosmischen Maßstäben bildeten sich die ersten Sterne schon kurz nach dem Urknall. Sie waren riesengroß, existierten eine relativ kurze Zeit und explodierten dann als Supernovae. Bevor das Universum eine halbe Milliarde Jahre alt war, hatten sich bereits kleine Galaxien gebildet, die sich später zu größeren vereinigten.

380000–200 MIO. JAHRE NACH DEM URKNALL

Das frühe Universum bestand aus Atomen normaler Materie und einer anderen Form der Materie, die als Dunkle Materie bezeichnet wird (siehe S. 30). Man nennt es das Dunkle Zeitalter des Kosmos, weil es noch keine Lichtquellen gab.

200 MIO. JAHRE NACH DEM URKNALL

In riesigen Gaswolken entstanden die ersten Sterne. Im Gegensatz zu späteren Sterngenerationen bestanden sie nur aus Wasserstoff und Helium, denn es gab keine schweren Elemente.

300 MIO. JAHRE NACH DEM URKNALL

Im Vergleich zu späteren Sterngenerationen verbrauchten die ersten Sterne ihren Brennstoff relativ rasch und explodierten dann als Supernovae.

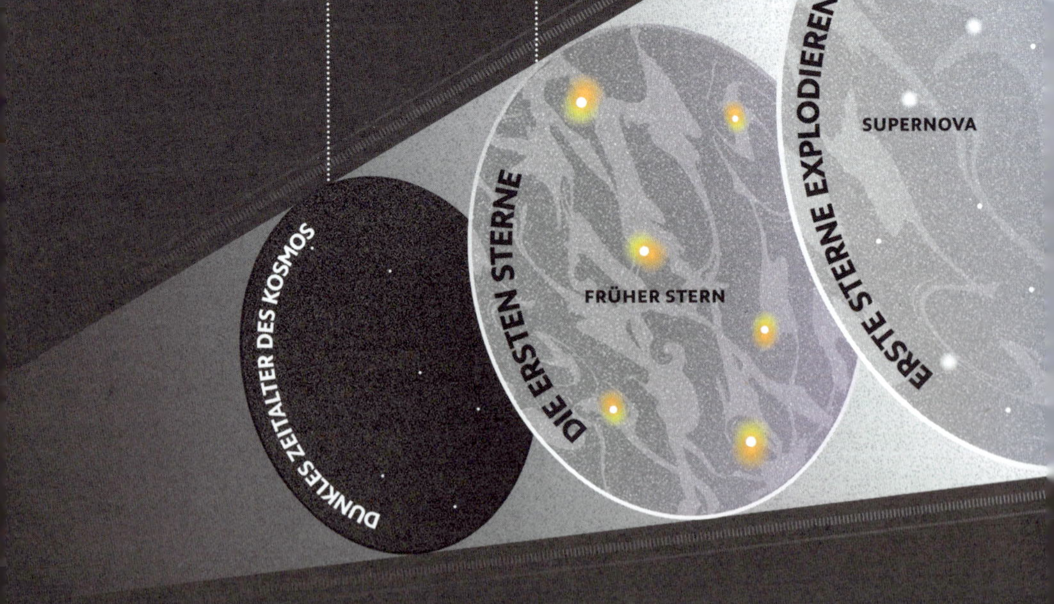

400 MIO. JAHRE NACH DEM URKNALL

Unter dem Einfluss Dunkler Materie versammelten sich Sterne zu den ersten Galaxien. Da sie relativ klein waren, bezeichnet man sie als Zwerggalaxien.

800 MIO. JAHRE NACH DEM URKNALL

Die Entstehung der ersten Galaxien löste weitere Wellen der Sternentstehung aus. Aus der Verschmelzung früher Zwerggalaxien gingen größere Galaxien hervor.

DER RAUM DEHNT SICH AUS

Seit dem Urknall wird das Universum immer größer, denn der Raum selbst dehnt sich immer weiter aus und die großen Objekte entfernen sich voneinander. Für Objekte, die sich gegenseitig durch Gravitation anziehen, wie Sterne in einer Galaxie oder auch Galaxien in einem Galaxienhaufen, gilt dies nicht. Die Galaxienhaufen selbst jedoch bewegen sich auseinander: Weit entfernte Objekte bewegen sich von uns weg, und je größer der Abstand, desto schneller fliehen sie.

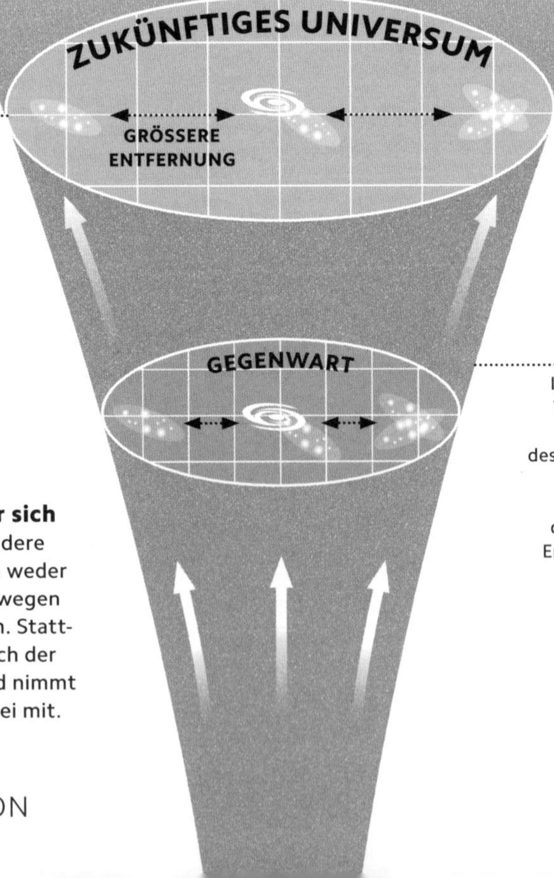

DER RAUM EXPANDIERT

Im Zuge der Ausdehnung des Raums entfernen sich die Galaxienhaufen voneinander und zwischen ihnen entsteht immer mehr Leerraum.

BESCHLEUNIGTE AUSDEHNUNG

In den letzten etwa 7,5 Mrd. Jahren hat sich die Expansion des Universums stetig beschleunigt. Eine mögliche Ursache dafür ist die Dunkle Energie (siehe S. 31), die der Gravitation entgegenwirkt.

So geht die Expansion vor sich

Galaxien und andere Objekte werden weder größer noch bewegen sie sich im Raum. Stattdessen dehnt sich der Raum selbst und nimmt die Objekte dabei mit.

Verschiedene Entfernungen
Astronomen geben in der Regel die Lichtlaufzeitentfernung der Objekte an. Die tatsächliche, heutige Entfernung zu dem Objekt ist jedoch die Eigendistanz.

Da das Licht einer entfernten Galaxie in alle Richtungen ausstrahlt, bewegt sich ein Teil davon auch in Richtung Erde. Während es unterwegs ist, trägt die Ausdehnung des Raums die beiden Galaxien weiter auseinander.

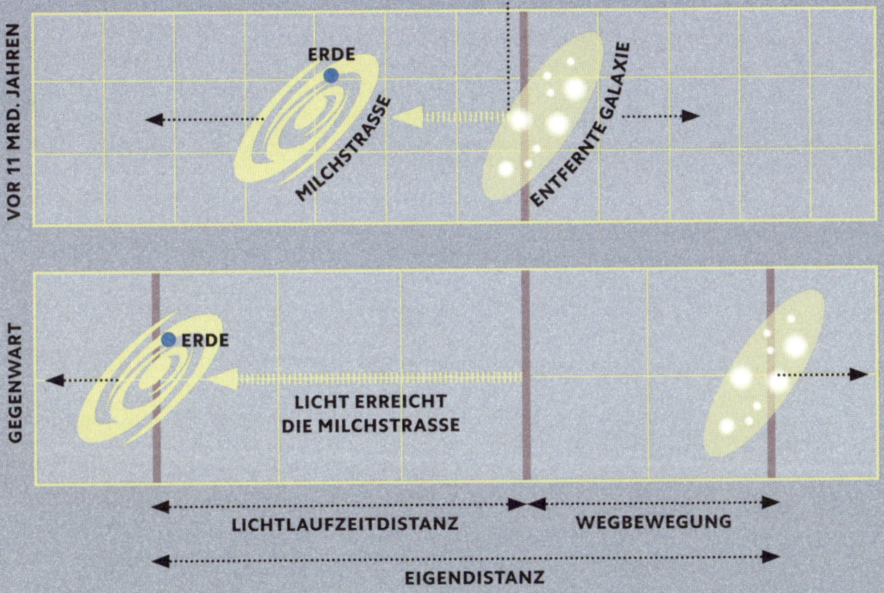

BLICK IN DIE VERGANGENHEIT

Licht bewegt sich unglaublich schnell, aber dennoch dauert es lange, bis das Licht eines Objekts im Weltraum die Erde erreicht. Wenn wir daher ein Himmelsobjekt beobachten, sehen wir es so, wie es in der Vergangenheit aussah. Je weiter wir ins All hinausblicken, desto weiter gehen wir in der Zeit zurück. Bei der Betrachtung der Entfernungen im All müssen wir berücksichtigen, dass sich der Raum stetig ausdehnt. Die Entfernung, die das Licht von einem Objekt bis zur Erde zurücklegte, ist die Lichtlaufzeitentfernung. Die gegenwärtige tatsächliche Entfernung ist jedoch größer und heißt Eigendistanz.

Gravitation nach Einstein
Albert Einstein beschreibt die Gravitation nicht als Kraft, sondern als Krümmung des Raum-Zeit-Gefüges. Hier stellt eine dehnbare, zweidimensionale Gummidecke die drei Dimensionen des Raums dar.

RAUM-ZEIT-RASTER

Das imaginäre Raster aus lauter Quadraten in diesem Modell erleichtert die Vorstellung der Krümmung der Gummidecke.

GEKRÜMMTE RAUMZEIT

Im frühen 20. Jahrhundert erkannten Albert Einstein und andere, dass Raum und Zeit keineswegs voneinander getrennt, sondern eng miteinander verknüpft sind. Die drei Dimensionen des Raums und die Dimension der Zeit bilden gemeinsam ein vierdimensionales Raum-Zeit-Gefüge. Dieser Gedanke wirkt sich auf die Bewegung der Objekte aus, denn Masse und Energie verzerren die Raumzeit. Nach Einsteins Allgemeiner Relativitätstheorie ist Gravitation nur der Effekt dieser Verzerrung auf den Weg, dem ein Objekt durch die Raumzeit folgt.

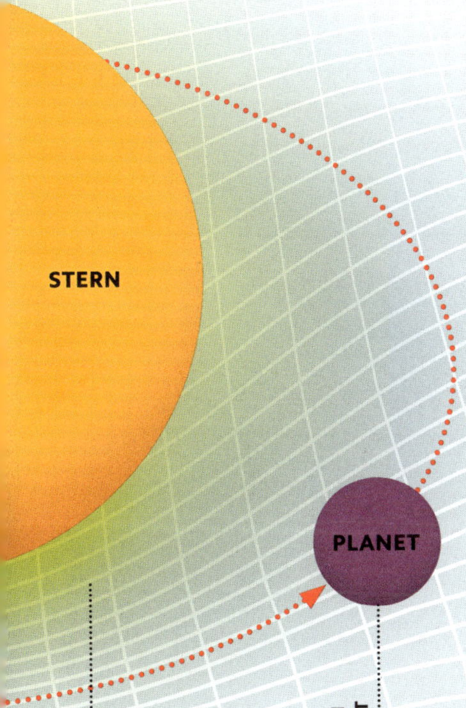

UMLAUFBAHNEN IN DER RAUMZEIT
Ein kleines Objekt (wie ein Planet) in der Nähe eines massereichen Objekts (z. B. eines Sterns) folgt einer gekrümmten Bahn.

KRÜMMUNG DURCH MASSE
Diese Senke, die ein Gewicht auf einer zweidimensionalen Gummidecke erzeugt, veranschaulicht die Verzerrung der Raumzeit in der Nähe eines massereichen Objekts, wie beispielsweise eines Sterns.

GRAVITATION ALS KRAFT
Stern und Planet ziehen sich gegenseitig an, aber da der Planet eine viel geringere Masse hat, sind die Auswirkungen auf ihn stärker erkennbar.

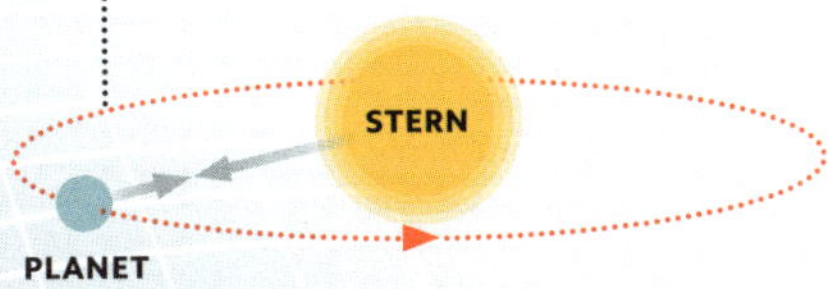

Gravitation nach Isaac Newton

Newtons Gravitationstheorie, die später von Einsteins abgelöst wurde, beschrieb die Gravitation als eine wechselseitige Anziehungskraft zwischen zwei Objekten, die eine Masse besitzen. Je größer die Masse, desto stärker ist die Gravitationskraft.

Ein Objekt, das eine Masse besitzt, sendet bei einer Beschleunigung (Änderung der Geschwindigkeit) Wellen aus, die sich mit Lichtgeschwindigkeit durch die Raumzeit (siehe S. 26–27) fortpflanzen. Man bezeichnet sie als Gravitationswellen. Astronomen wiesen eine solche Welle zum ersten Mal im Jahr 2015 nach, als sie Turbulenzen beobachteten, die durch die Kollision zweier Schwarzer Löcher entstanden waren. Andere energiereiche Ereignisse wie Supernovae und Kollisionen von Neutronensternen könnten ebenfalls messbare Wellen hervorrufen.

WELLEN IN DER RAUMZEIT

Gravitationswellen wurden genau 100 Jahre nach ihrer Vorhersage durch Albert Einstein nachgewiesen.

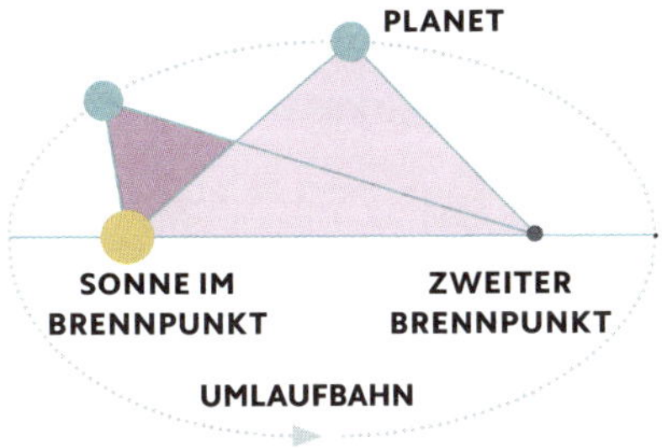

ERSTES KEPLERSCHES GESETZ

Die Umlaufbahn eines Planeten ist eine Ellipse mit zwei Brennpunkten. In einem Brennpunkt steht die Sonne. Die Addition der Abstände des Planeten zu beiden Brennpunkten ergibt immer die gleiche Summe.

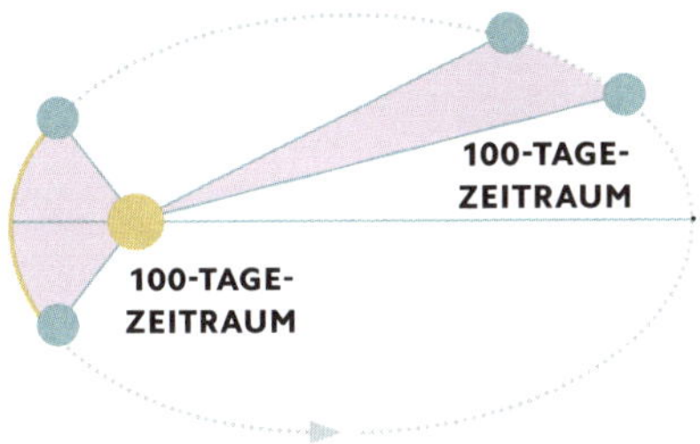

ZWEITES KEPLERSCHES GESETZ

In Sonnennähe bewegt sich der Planet schneller. Ein imaginärer Fahrstrahl zwischen Planet und Sonne überstreicht in gleichen Zeiträumen gleich große Flächen.

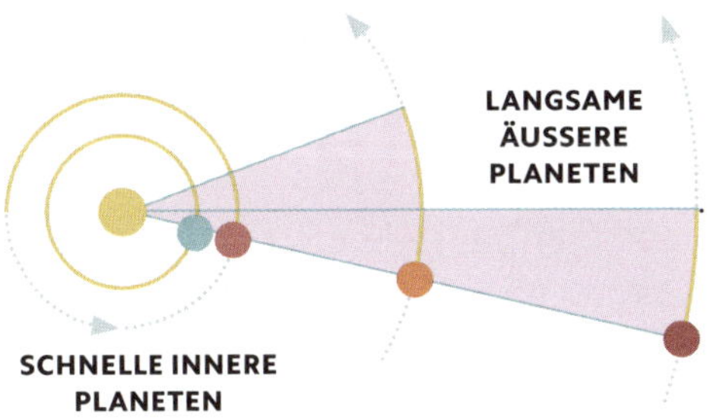

DRITTES KEPLERSCHES GESETZ

Je weiter der Planet von der Sonne entfernt ist, desto länger dauert die Umkreisung. Das dritte Gesetz verknüpft die Dauer der Umkreisung mit den Abmessungen der Umlaufbahn.

BEWEGUNG DER KÖRPER

Die Bahn eines Körpers unter dem Einfluss der Gravitation eines anderen Körpers heißt Umlaufbahn oder Orbit. Das Objekt mit der geringeren Masse folgt einer gekrümmten Bahn und ändert daher laufend Richtung und Tempo. Dabei umkreist aber nicht nur der kleinere Körper den größeren, sondern beide kreisen um einen gemeinsamen Schwerpunkt. In geschlossenen Systemen (wie dem Sonnensystem) folgen die Körper drei Gesetzen, die der Astronom Johannes Kepler formulierte.

Dunkler Halo
Die Rotation der meisten Galaxien weist Merkmale auf, die sich nicht mit der Menge der normalen Materie erklären lassen. Modelle ihrer Entstehung und Rotation legen nahe, dass Galaxien von einem Halo aus Dunkler Materie umgeben sind. Das gilt auch für die Milchstraße.

Verborgene Materie
Das unsichtbare Universum besteht teils aus Dunkler Materie, aber vor allem aus Dunkler Energie.

LEGENDE
- **BEKANNTE MATERIE 4,9 %**
- **DUNKLE MATERIE 26,8 %**
- **DUNKLE ENERGIE 68,3 %**

UNSICHTBAR IM UNIVERSUM

Wir nehmen Sterne und Planeten wahr, weil sie Licht oder andere Strahlung abgeben oder reflektieren. Doch die bekannte Materie solcher Objekte macht nur 5 Prozent der gesamten Materie- und Energiemenge im Universum aus. Etwa 25 Prozent sind nicht sichtbar; man bezeichnet sie als Dunkle Materie. Wir erkennen sie nur an der Wirkung ihrer Gravitation auf normale Materie. Es könnte normale Materie sein, die kaum strahlt. Wahrscheinlicher aber besteht sie aus subatomaren Teilchen, die nicht mit Strahlung wechselwirken.

DIE ENERGIE DES RAUMS

Den Großteil der Masse- und Energiemenge im Universum macht eine rätselhafte Substanz oder Kraft aus, die als Dunkle Energie bezeichnet wird. Sie ist für die Beschleunigung der Expansion des Universums verantwortlich. Eine mögliche Erklärung wäre, dass der Raum nicht »Nichts« enthält, sondern selbst Eigenschaften besitzt, die der Gravitation entgegenwirken. Wir spüren die Wirkung der Dunklen Energie nicht, weil in der uns vertrauten Umgebung die Gravitation alles zusammenhält.

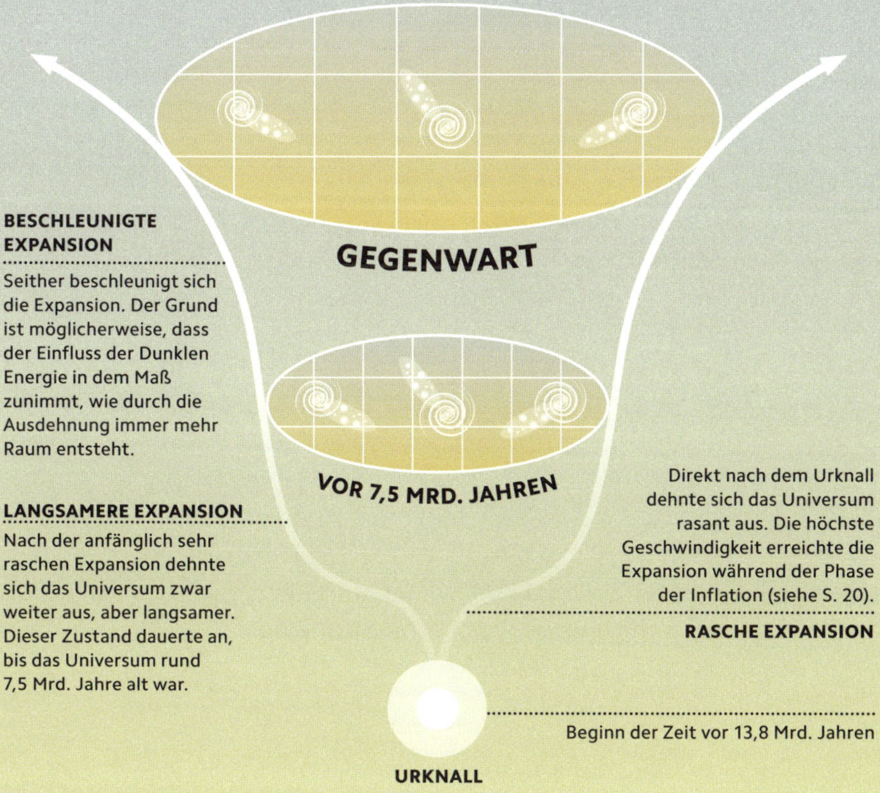

DAS
SONNE
SYSTEM

N –

Die Sonne ist der Stern, um den sich im Sonnensystem alles dreht. Unter dem Einfluss ihrer Gravitation steht ein riesiges Gebiet, zu dem acht Planeten, mehr als 200 Monde und zahllose kleinere Himmelskörper wie Zwergplaneten, Asteroiden und Kometen gehören. Die Sonne hält all diese Objekte in ihrer Umlaufbahn und ist gleichzeitig ihre wichtigste Energiequelle. Naturgemäß ist unser eigenes Sonnensystem das Gebiet im Universum, das wir am besten kennen. Details auf dem Mond und einige Planeten sehen wir sogar mit bloßem Auge. Inzwischen haben Raumfahrzeuge alle Planeten sowie einige kleinere Körper besucht und Daten, Bilder und auch Bodenproben zur Erde zurückgebracht.

DIE SONNENFAMILIE

Die Sonne enthält 99,8 Prozent der Masse im Sonnensystem.

Energiequelle
Alle Planeten im Sonnensystem umkreisen die Sonne. Je näher ein Planet der Sonne ist, desto mehr Energie und Wärme empfängt er.

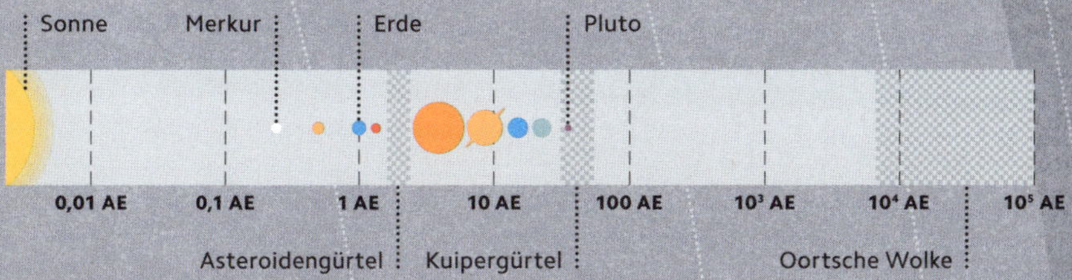

Entfernungen im Sonnensystem
Die Erde ist rund 150 Mio. km von der Sonne entfernt. Dieser Abstand ist als eine Astronomische Einheit (AE) definiert. Die Entfernungsmarkierungen in der oben gezeigten Grafik nehmen bei jedem Schritt um den Faktor 10 zu.

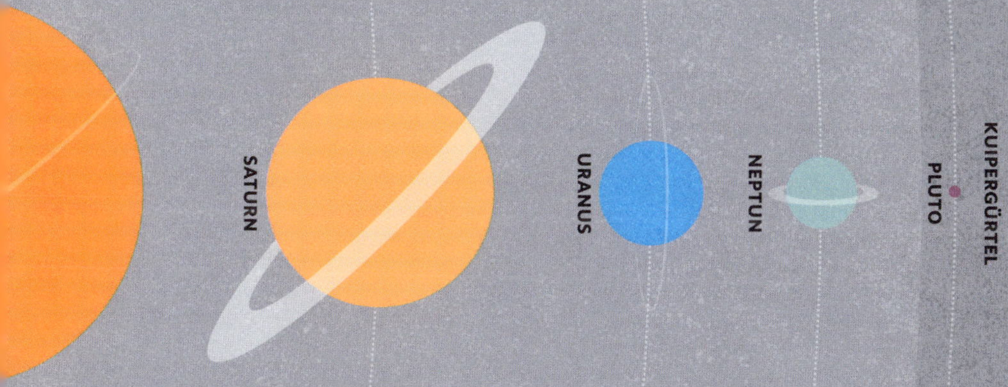

Das Sonnensystem ist eine Familie von Himmelskörpern, die von der Gravitation der Sonne auf ihren Bahnen gehalten werden. Jeder Planet umkreist die Sonne in seiner eigenen Geschwindigkeit. In Sonnennähe kreisen die vier Gesteinsplaneten Merkur, Venus, Erde und Mars. Darauf folgt der Asteroidengürtel mit Zehntausenden von Gesteinskörpern und schließlich die Riesenplaneten Jupiter, Saturn, Uranus und Neptun. Jenseits des Neptun liegt der Kuipergürtel, ein Ring aus eisigen Himmelskörpern, und noch mehr eisige Objekte findet man in der Oortschen Wolke, die das Sonnensystem umgibt.

In einem immer wiederkehrenden Kreislauf steigt heißes Gas auf, überträgt Energie an die Sonnenoberfläche, kühlt ab und sinkt wieder nach innen.

Der innere Aufbau
Aufgrund der Hitze und des Drucks im Kern der Sonne finden dort Kernfusionsreaktionen statt, die Energie erzeugen. Diese Energie dringt langsam durch die dichte Strahlungszone nach außen und wird dann über zirkulierende Gasblasen durch die Konvektionszone zur Fotosphäre transportiert.

Die Sonne hat einen Durchmesser von 1,4 Mio. km und die Erde würde über eine Million Mal hineinpassen.

Die Fotosphäre ist die unterste der drei Atmosphärenschichten der Sonne. Sie ist lichtdurchlässig und erzeugt so die Illusion einer festen Oberfläche.

Lichtgeschwindigkeit

Die Sonne ist so dicht, dass es bis zu 1 Mio. Jahre dauern kann, bis die Energie vom Kern zur Oberfläche gelangt. Von dort aus ist die Energie aber nur noch acht Minuten unterwegs, bis sie in Form von Strahlung die Erde erreicht.

PROTUBERANZ

Protuberanzen (Ströme ionisierter Gase) brechen aus der Chromosphäre hervor.

UNSER STERN

Die Sonne ist das größte und heißeste Objekt im Sonnensystem und unsere wichtigste Energiequelle. Sie besteht hauptsächlich aus Wasserstoff, der so energiereich ist, dass er im Plasmazustand vorliegt: Die Elektronen haben sich von den Atomkernen getrennt, sodass diese elektrisch geladen sind. Die Temperatur im Sonnenkern liegt bei 15 Millionen Grad Celsius. Die Sonne hat etwa 330000-mal so viel Masse wie die Erde und ihre Gravitation hält alle Objekte im Sonnensystem auf ihren Bahnen.

DER FLINKE PLANET

Der kleinste Planet im Sonnensystem, Merkur, ist kleiner als die größten Jupiter- und Saturnmonde. Er ist der Sonne so nahe, dass sie von ihm aus gesehen zwei- bis dreimal größer wirkt als hier auf der Erde. Mit 170 000 km/h bewegt er sich schneller als jeder andere Planet. Da er sich aber sehr langsam um die eigene Achse dreht, ist ein Tag auf dem Merkur doppelt so lang wie ein Jahr. Aus diesem Grund, und weil er keine Atmosphäre hat, verzeichnet Merkur auch die größten Temperaturunterschiede aller Planeten: Tagsüber steigt sie auf bis zu 430 °C und in der langen Nacht sinkt sie auf -180 °C.

RIESIGER KRATER

Das Caloris-Becken hat mehr als 1500 km Durchmesser und ist damit einer der größten Einschlagkrater im Sonnensystem. Es ist von einem 2000 m hohen, ringförmigen Gebirge eingeschlossen.

Ein Jahr auf Merkur – die Zeit, die er für einen Umlauf um die Sonne braucht – dauert 88 Tage.

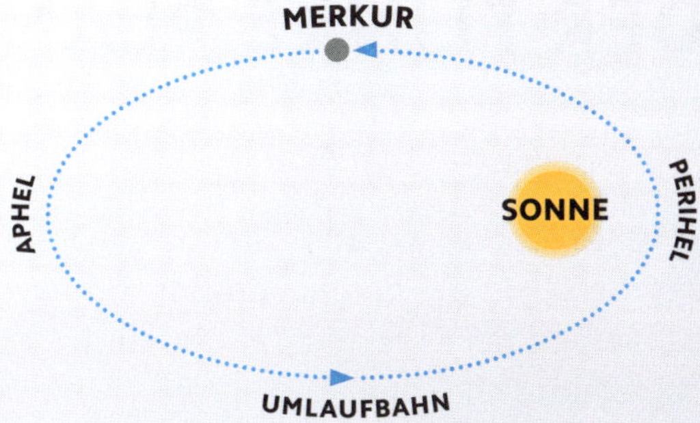

Exzentrische Bahn
Merkur hat die exzentrischste (am stärksten in die Länge gezogene) Umlaufbahn aller Planeten. Im Perihel, dem sonnennächsten Punkt, ist Merkur 47 Mio. km von der Sonne entfernt, und im Aphel, dem am weitesten entfernten Punkt, beträgt der Abstand 70 Mio. km.

INNERER AUFBAU

Ein 600 km dicker, halb geschmolzener Gesteinsmantel umgibt den riesigen Kern des Merkur, der mehr Eisen enthält als bei jedem anderen Planeten des Sonnensystems. Darüber liegt die Kruste – eine raue Landschaft aus Basalt und anderen Silikatgesteinen, die von sehr vielen Einschlagkratern übersät ist.

»So viele Sterne leuchten am Himmel ... aber wenn die Venus aufgeht, verblassen alle neben ihr ...«

Galileo Galilei

Innerer Aufbau

Wie die Erde hat die Venus einen Eisenkern und einen heißen Gesteinsmantel und ihr Durchmesser ist nur 650 km geringer. Zudem besitzen beide Planeten eine Gesteinskruste.

WOLKENDECKE

Eine dichte Wolkenschicht verdeckt den Blick auf die Oberfläche der Venus.

OBERFLÄCHE

In der felsigen Landschaft gibt es viele Vulkane, Krater und weite Lavaebenen.

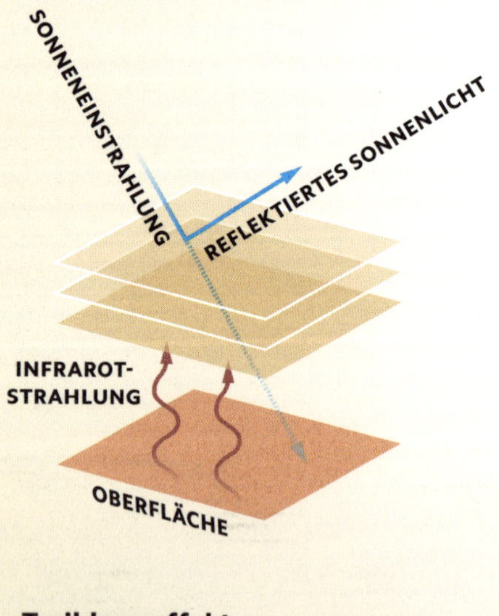

Treibhauseffekt

Nur 35 Prozent des Sonnenlichts, das die Venus erreicht, dringen durch die Wolken. Die dichte Atmosphäre hält aufsteigende Strahlung fest, sodass sich der Planet aufheizt.

ERD-ZWILLING

Die Venus ist der benachbarten Erde in Größe und Aufbau verblüffend ähnlich, sodass sie oft als »Zwillinge« bezeichnet werden. Auf der Oberfläche herrschen jedoch extreme Bedingungen – heiß und ohne Wasser. Die dichte Atmosphäre besteht zu 96,5 Prozent aus Kohlendioxid, sodass sie die Hitze der Sonne speichert. Daher ist Venus mit Oberflächentemperaturen bis 471 °C der heißeste Planet im Sonnensystem. Dort würde sogar Blei schmelzen. Zudem ist sie mit Vulkanen übersät, die nicht älter als 500 Millionen Jahre und daher zum Teil noch aktiv sind oder nur schlafen.

ATMOSPHÄRE

Die untere Schicht der Venusatmosphäre ist dicht, dick und extrem heiß. Darüber erstreckt sich in 32–90 km Höhe über der Oberfläche eine Wolkendecke. Anschließend wird die Luft immer dünner und geht langsam in den Weltraum über.

HEIMAT ERDE

Die Erde liegt als dritter Planet des Sonnensystems zwischen Venus und Mars. Sie ist der einzige uns bekannte Planet, auf dem Leben existiert. Der Grund ist vor allem das fein austarierte Zusammenwirken ihres Abstands zur Sonne, der Dichte der Atmosphäre und der Menge des vorhandenen Wassers. Fünf riesige Ozeane bedecken 69 Prozent der Erdoberfläche und die polaren Eiskappen weitere zwei Prozent. Die Erde ist ein dynamischer Planet, dessen tektonische Platten sich langsam bewegen. Dort, wo sie aufeinandertreffen, entstehen unter anderem Gebirge, Vulkane und Tiefseegräben.

Innerer Aufbau
Der innere Eisen-Nickel-Kern wird von einem äußeren Kern aus flüssigem Eisen umschlossen. Ihn umgibt ein großteils fester Mantel und darauf liegt die Kruste aus zahlreichen verschiedenen Gesteinsarten.

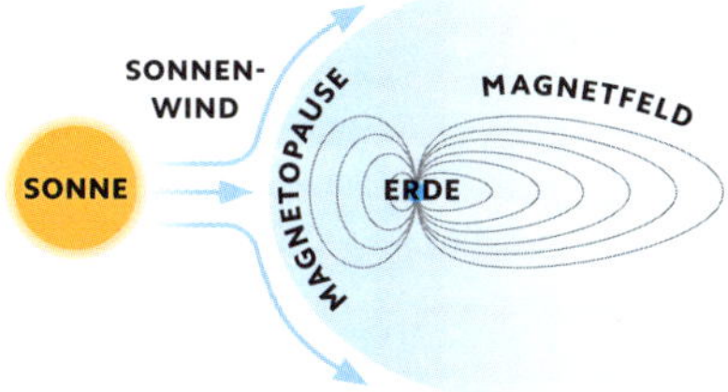

Magnetosphäre
Das Magnetfeld der Erde erzeugt im All eine magnetische Blase, die sogenannte Magnetosphäre, die die Erde vor dem Sonnenwind abschirmt – geladenen Teilchen, die von der Sonne ausgehen. Der Sonnenwind wird an der Vorderfläche der Magnetosphäre, der Magnetopause, umgelenkt.

Die Gravitation wirkt an einigen Stellen der Oberfläche stärker als an anderen, da die Erde keine perfekte Kugel, sondern an den Polen etwas abgeflacht und am Äquator breiter ist.

ATMOSPHÄRE UND WETTER

Die sauerstoffreiche Atmosphäre hat zwar mehrere Schichten und ist einige hundert Kilometer dick, aber die Wettersysteme bewegen sich hauptsächlich in den untersten 10 km.

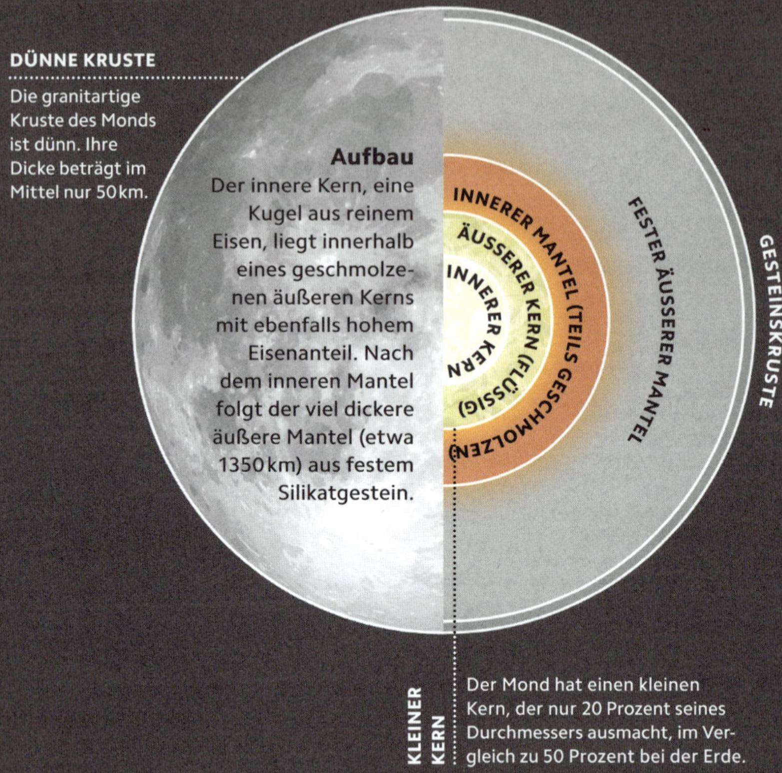

ERD-BEGLEITER

Der Mond ist der natürliche Satellit der Erde. Er umkreist sie in einem mittleren Abstand von 384 400 km und ist das hellste und größte Objekt am Nachthimmel. Aus diesem Grund sind zahlreiche Merkmale seiner Oberfläche mit bloßem Auge sichtbar. Die Anziehungskraft des Monds ist der Hauptgrund für die Gezeiten unserer Meere. Seit prähistorischer Zeit fasziniert er die Menschen und er ist bisher der einzige Himmelskörper, der von Astronauten besucht wurde.

EINSCHLAGBECKEN

Mare Imbrium ist ein Einschlagbecken mit 1123 km Durchmesser. Es entstand durch den Einschlag eines großen Meteoriten.

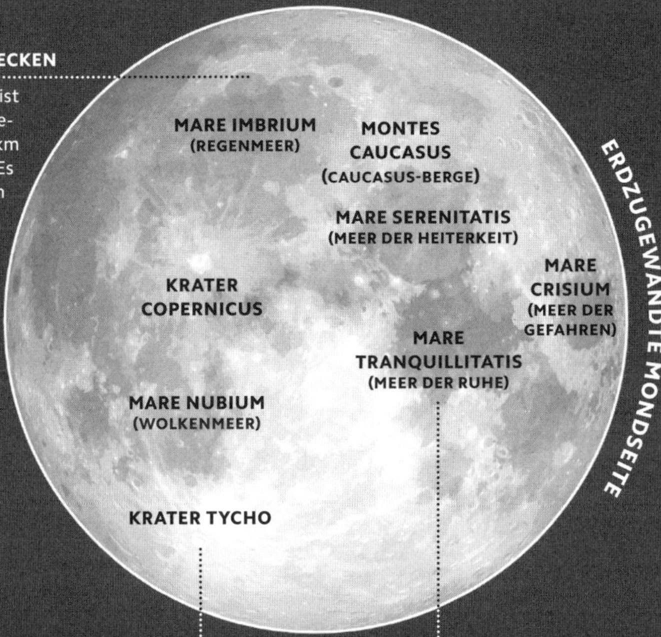

HELLER KRATER

Der Tycho-Krater ist zwar klein, aber sehr auffällig. Mit 108 Mio. Jahren ist er noch jung und von hellen Strahlen umgeben.

LANDESTELLE

Im Mare Tranquillitatis landete im Juli 1969 die NASA-Mission *Apollo 11*. Das Gebiet wurde ausgewählt, weil es relativ flach und eben ist.

Oberfläche

Mehrere Milliarden Jahre lang schlugen ständig Meteoriten ein und schufen Tausende von Kratern. Die dunklen Ebenen der Meere entstanden, als Lava bei Vulkanausbrüchen in Einschlagbecken strömte und abkühlte.

Der Weltraumvertrag, der seit 1967 von mehr als 130 Ländern unterzeichnet wurde, untersagt Herrschaftsansprüche einzelner Länder über den Mond.

DREHUNG IM GLEICHSCHRITT

Der Mond umkreist die Erde einmal in 27,3 Tagen, doch sein Phasenzyklus dauert ein wenig länger (29,5 Tage, siehe S. 47). Der Grund dafür ist, dass sich die Erde gleichzeitig auf ihrer Bahn um die Sonne weiterbewegt, während sich der Mond um sie dreht. In den vielen Millionen Jahren, in denen die Gravitation des Monds und der Erde schon wechselseitig aufeinander einwirken, verlangsamte sich die Rotation des Monds, sodass sie nun genau seiner Umlaufzeit entspricht. Dieses Phänomen nennt man gebundene Rotation.

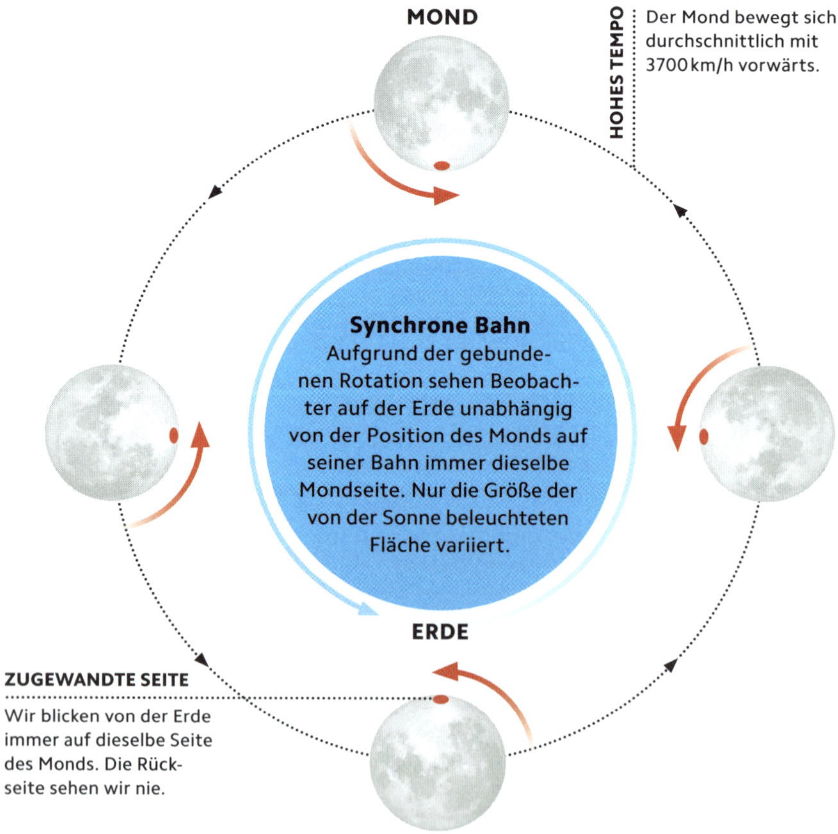

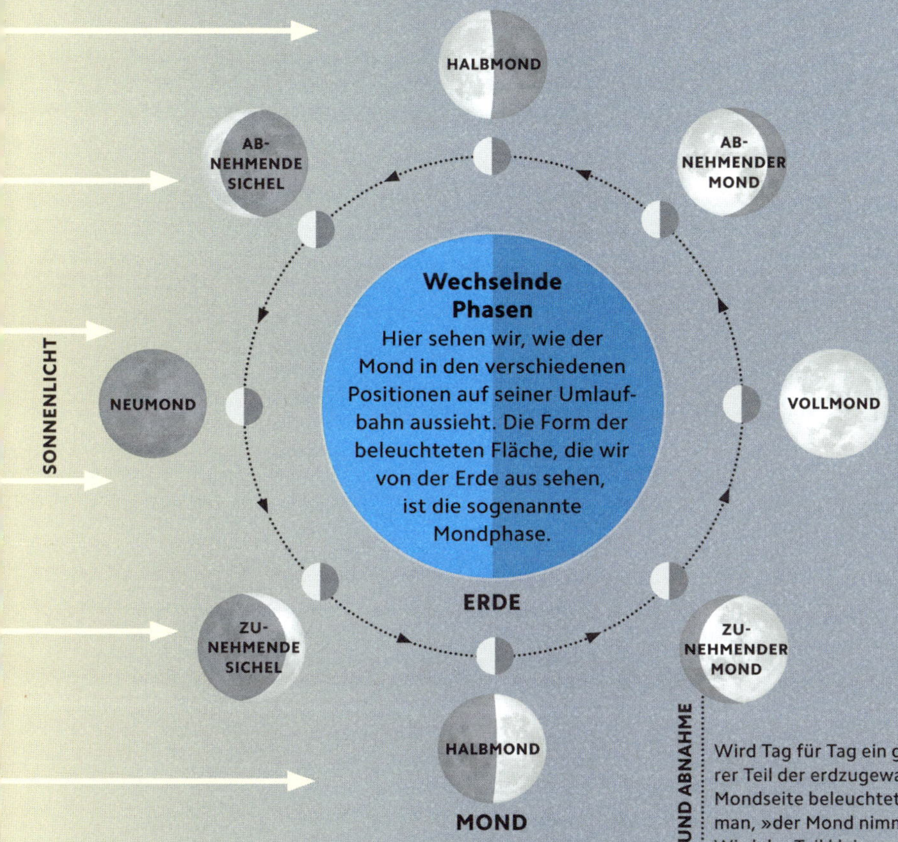

ZU- UND ABNAHME

Wird Tag für Tag ein größerer Teil der erdzugewandten Mondseite beleuchtet, sagt man, »der Mond nimmt zu«. Wird der Teil kleiner, nimmt der Mond ab.

NEUMOND BIS VOLLMOND

Der Mond ist nur sichtbar, weil er das Licht der Sonne reflektiert. Wenn der Mond zwischen Sonne und Erde steht, spiegelt er kein Licht in Richtung Erde und es ist Neumond. Dann sehen wir ihn nicht (außer als Umriss bei einer Sonnenfinsternis). Am gegenüberliegenden Punkt seiner Bahn wird dagegen die ganze erdzugewandte Seite angestrahlt und wir haben Vollmond. Zwischen Neu- und Vollmond ist nur ein Teil der Mondfläche beleuchtet, der jeweils größer oder kleiner wird.

IM SCHATTEN DES MONDS

SONNENLICHT

Bei einer Sonnenfinsternis verdeckt der Mond die Sonne und wirft einen Schatten auf die Erde. Lägen die Umlaufbahnen des Monds um die Erde und der Erde um die Sonne auf einer Ebene, gäbe es jeden Monat eine Sonnenfinsternis. Da der Mondorbit jedoch geneigt ist, tritt sie nur etwa alle 18 Monate und an verschiedenen Orten auf. Eine ringförmige Finsternis entsteht, wenn der Mond so weit weg ist, dass er die Sonne nicht ganz bedeckt.

IM SCHATTEN DER ERDE

SONNENLICHT

Bei einer Mondfinsternis steht die Erde zwischen Sonne und Mond, sodass sie das Sonnenlicht blockiert. Da der Mond nur sichtbar ist, weil er das Licht der Sonne reflektiert, wird er dann dunkel. Er wird aber nicht ganz unsichtbar, weil die Erdatmosphäre das Licht streut und daher ein Teil den Mond erreicht und reflektiert wird. Dennoch erscheint er viel dunkler mit einem gelblichen, orangefarbenen oder rötlichen Farbton.

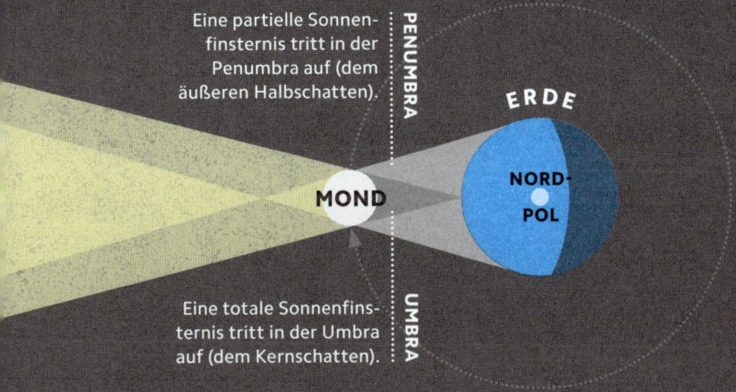

Sonnenfinsternis

Im Kernschatten (Umbra), dem dunkelsten, zentralen Bereich des Schattens, findet eine totale Sonnenfinsternis statt. Sie dauert zwischen einigen Sekunden bis zu mehreren Minuten.

Mondfinsternis

Mondfinsternisse dauern viel länger als Sonnenfinsternisse, weil sich der Mond durch den Erdschatten hindurchbewegt, dessen Durchmesser viel größer ist als der des Monds.

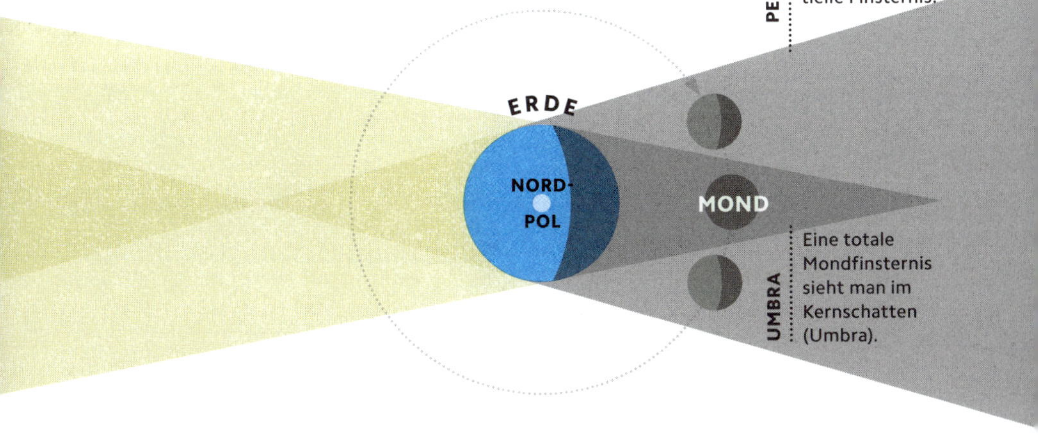

DER ROTE PLANET

Mars, von der Sonne aus der vierte Planet, ist für seine auffällige rote Farbe bekannt. Sie stammt von Eisenoxid, das auch Rost rötlich färbt. Mars weist zahlreiche erdähnliche Merkmale auf: Es gibt dort Wolken, Wind, jahreszeitliche Wetterunterschiede und einen Tag mit rund 24 Stunden. Traditionell gilt Mars daher oft als wahrscheinlichster Fundort von Leben im Sonnensystem. Allerdings ist es auf dem Mars wesentlich kälter als auf der Erde und es gibt kein flüssiges Wasser und kaum Sauerstoff in der Atmosphäre.

Das Mondsystem des Mars
Mars besitzt zwei Monde: Phobos und Deimos. Phobos ist dem Planeten näher und umläuft ihn mehr als viermal so schnell wie Deimos.

Innerer Aufbau

Mars hat einen dichten Kern aus Eisen, Nickel und Schwefel, der möglicherweise ganz oder teilweise flüssig ist. Darum herum liegt ein Gesteinsmantel. Die Kruste des Planeten besteht hauptsächlich aus Vulkangestein. Die Atmosphäre besteht zu 95,3 Prozent aus Kohlendioxid, das im Winter gefriert, sodass der Luftdruck stark sinkt.

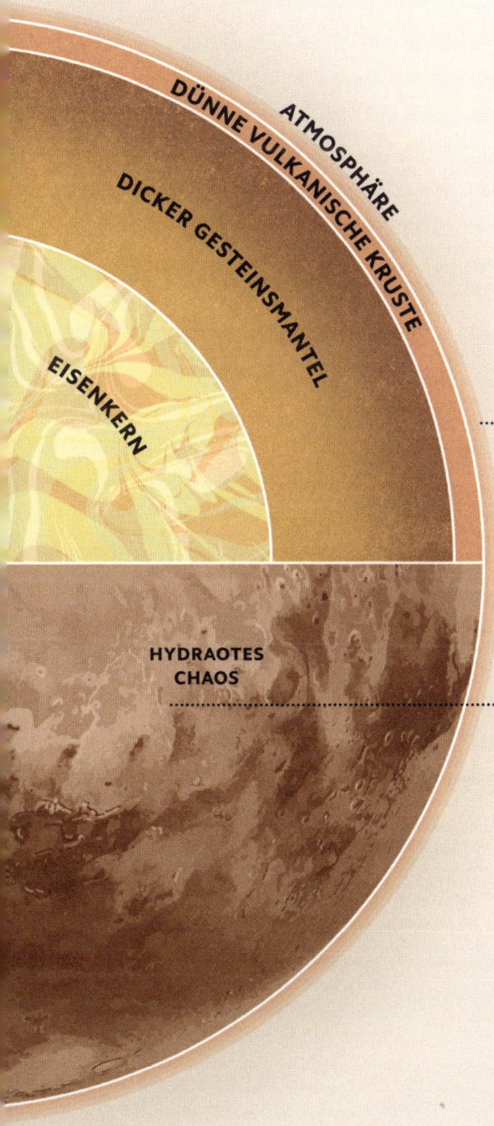

DÜNNE ATMOSPHÄRE

Die Marsatmosphäre ist etwa hundertmal dünner als die der Erde. Dicht über der Oberfläche peitscht der Wind gewaltige Staubstürme auf und manchmal bilden sich Wolken und Nebel.

CHAOTISCHE GEBIETE

Hydraotes Chaos ist nur ein Beispiel für »chaotische Gebiete« – Gegenden mit sehr vielfältigen Merkmalen wie Klippen, Hügel, Täler, Hochebenen und Senken auf einem Planeten.

Valles Marineris, der größte Canyon, ist so lang wie die Strecke von New York bis Los Angeles.

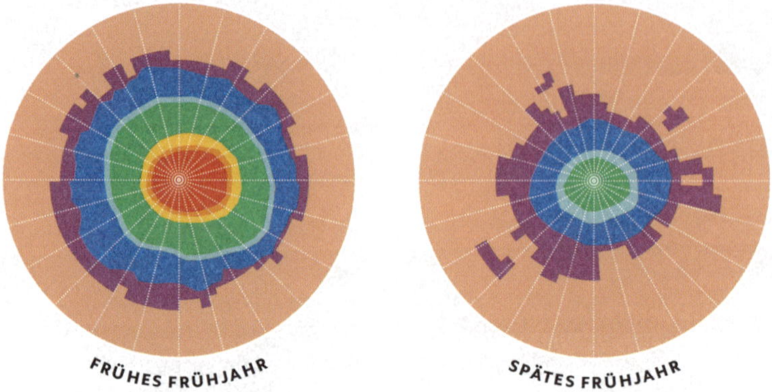

Die polaren Eiskappen
Zu Beginn des Frühjahrs, bei tiefen Temperaturen, bildet sich um die Pole herum sehr viel Kohlendioxideis. Bis zum späten Frühling geht es wieder zurück.

DICKE DER EISSCHICHT
DÜNN — DICK

EIS AUF DEM MARS

Der Mars, wie wir ihn kennen, ist eine sterile, öde Wüste, aber verschiedene Oberflächenmerkmale, die offensichtlich von Wasser geformt wurden, legen nahe, dass es dort vor einigen Milliarden Jahren Flüsse, Seen und sogar Ozeane gab. Heute findet man auf der Oberfläche Wasser nur noch in Form von Eis. Um den Südpol herum entdeckten Wissenschaftler jedoch kürzlich tief unter Gletschern unterirdische Seen – die ersten stabilen Gewässer auf dem Planeten.

Unter der Marsoberfläche liegen lauter Bänder aus Gletschern, die sich langsam bewegen (Permafrost).

GEFRORENER BODEN

Oberflächenschichten
Die Oberfläche ist von losem Gestein und Staub (Regolith) bedeckt. Darunter liegt Permafrost und dann folgt die feste Kruste.

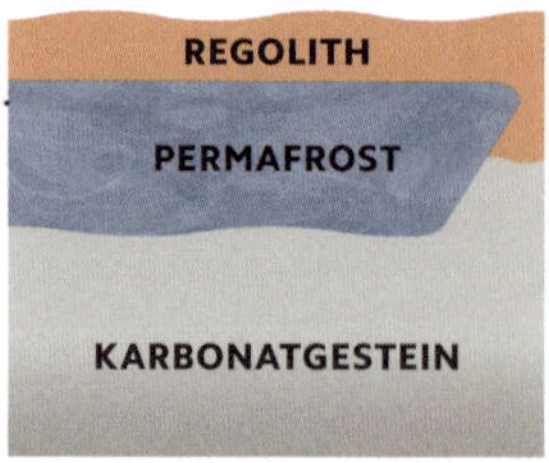

Vulkane auf der Erde
Durch die Bewegung der tektonischen Platten auf der Erde bilden mehrere Eruptionen aus derselben Magmakammer im Lauf der Zeit jeweils einen neuen Vulkan.

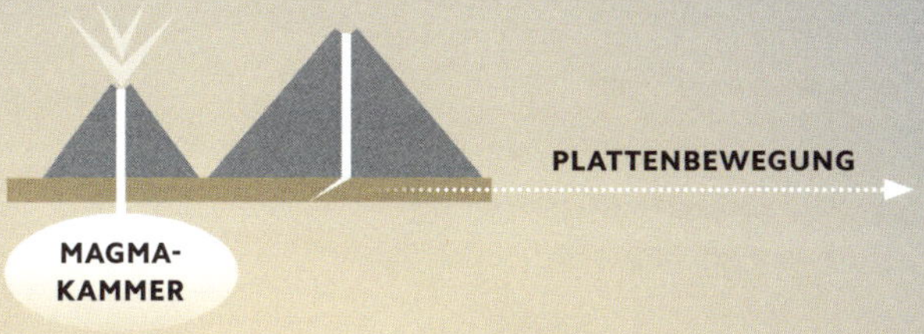

SCHICHTENFOLGE

Im Gegensatz zur Erde hat der Mars eine starre, unbewegliche Kruste. Daher türmen Vulkanausbrüche im Lauf der Jahrmillionen viele Schichten über einem Punkt der Oberfläche auf.

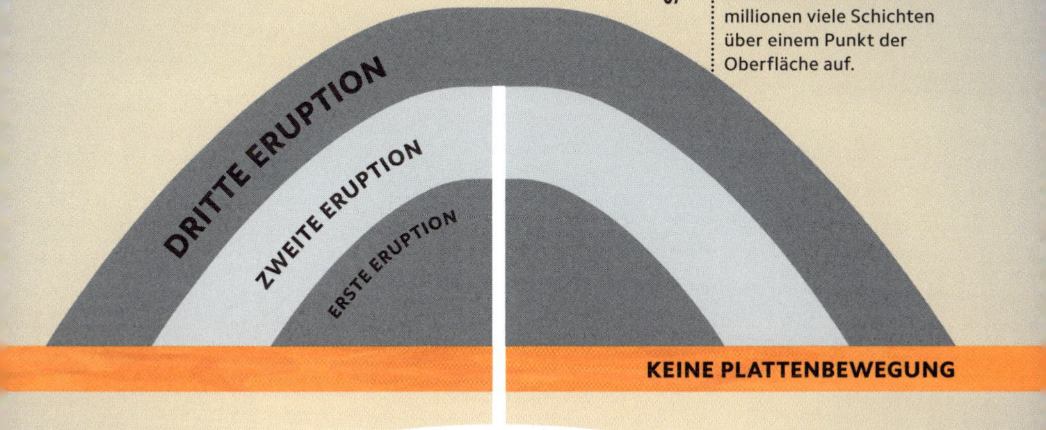

VULKANE IN ÜBERGRÖSSE

Auf dem Mars steht Olympus Mons, der größte Vulkan im Sonnensystem. Er ist dreimal so hoch wie der Mount Everest. Keiner der Marsvulkane ist jedoch noch aktiv, da durch die dicke Kruste kein geschmolzenes Gestein aufsteigen kann. Es gibt Hinweise darauf, dass die letzten Eruptionen nur etwa 50 000 Jahre zurückliegen, aber die meisten Vulkane bildeten sich schon vor 1–2 Milliarden Jahren.

MAGMAKAMMER

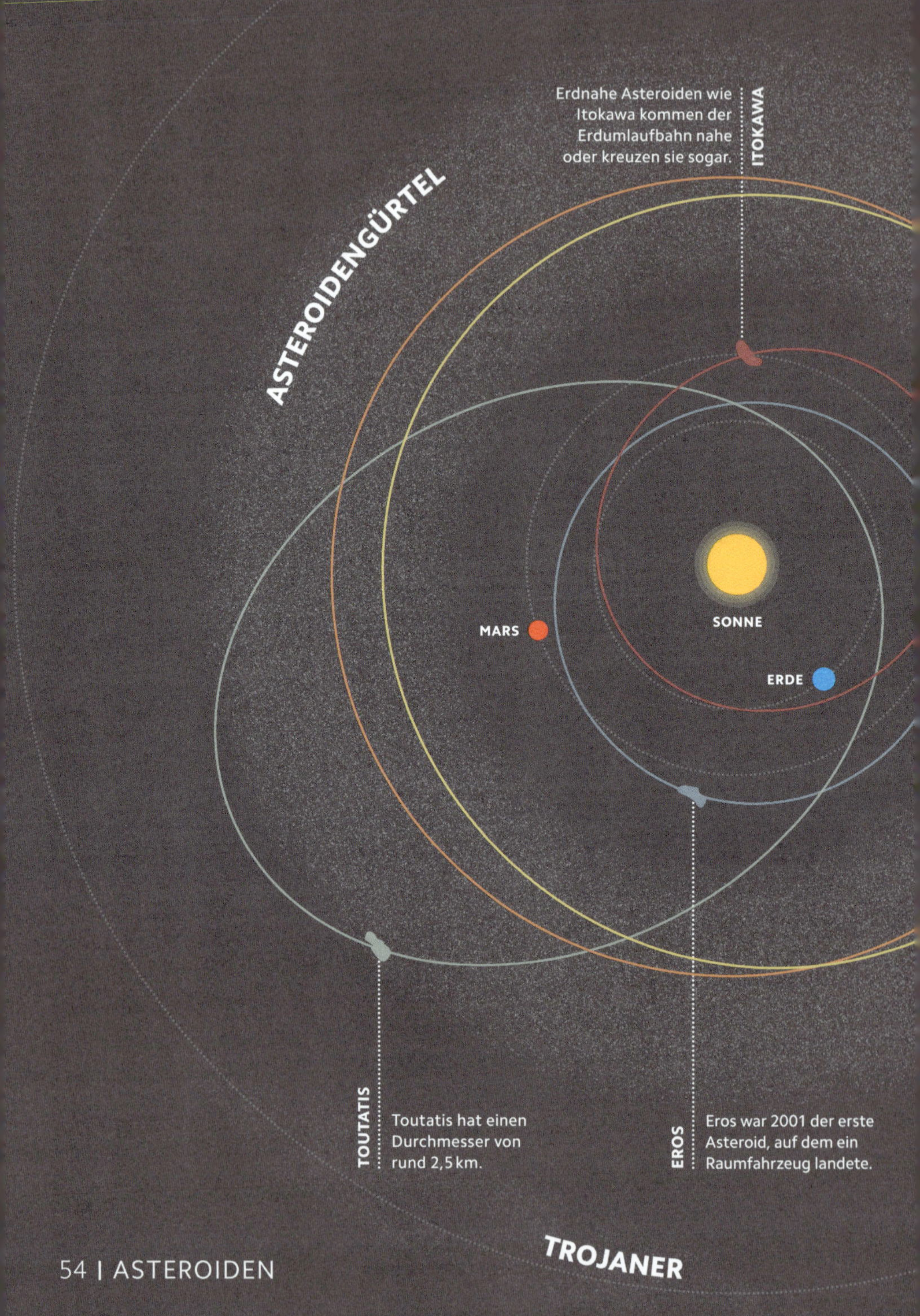
Erdnahe Asteroiden wie Itokawa kommen der Erdumlaufbahn nahe oder kreuzen sie sogar.
ITOKAWA
ASTEROIDENGÜRTEL
MARS
SONNE
ERDE
TOUTATIS
Toutatis hat einen Durchmesser von rund 2,5 km.
EROS
Eros war 2001 der erste Asteroid, auf dem ein Raumfahrzeug landete.
TROJANER

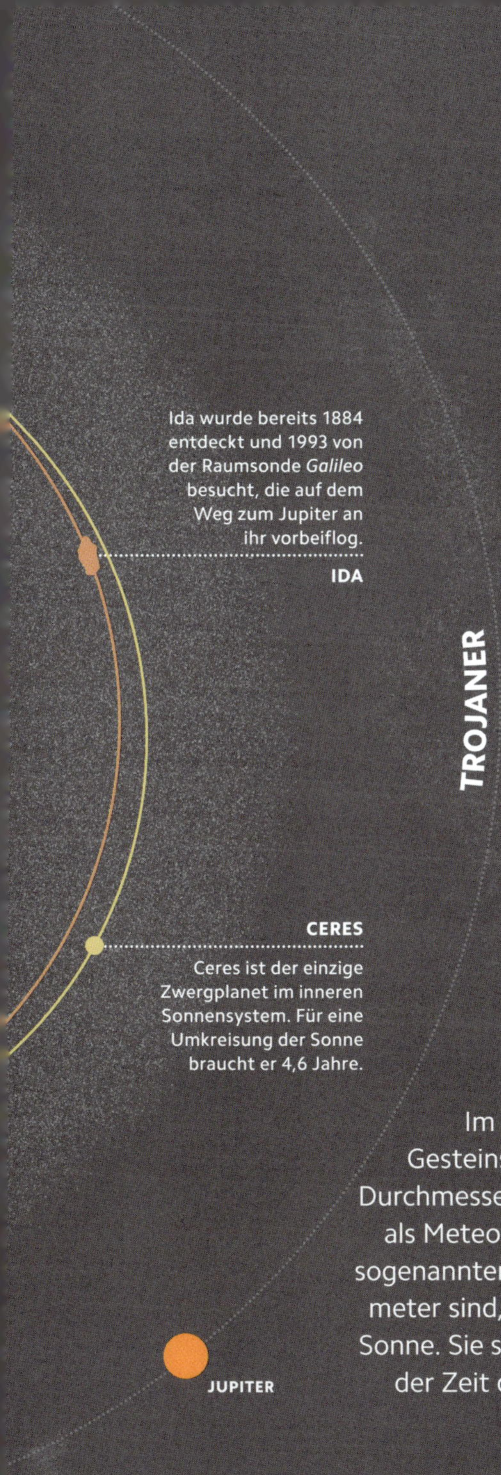

Ida wurde bereits 1884 entdeckt und 1993 von der Raumsonde *Galileo* besucht, die auf dem Weg zum Jupiter an ihr vorbeiflog.

IDA

CERES

Ceres ist der einzige Zwergplanet im inneren Sonnensystem. Für eine Umkreisung der Sonne braucht er 4,6 Jahre.

Große Asteroiden
Ceres ist mit 952 km Durchmesser das einzige Objekt im Asteroidengürtel, das groß genug ist, um als Zwergplanet eingestuft zu werden. Ceres und die drei nächstgrößten Asteroiden Pallas, Vesta und Hygiea umfassen zusammen etwa die Hälfte der gesamten Masse des Asteroidengürtels.

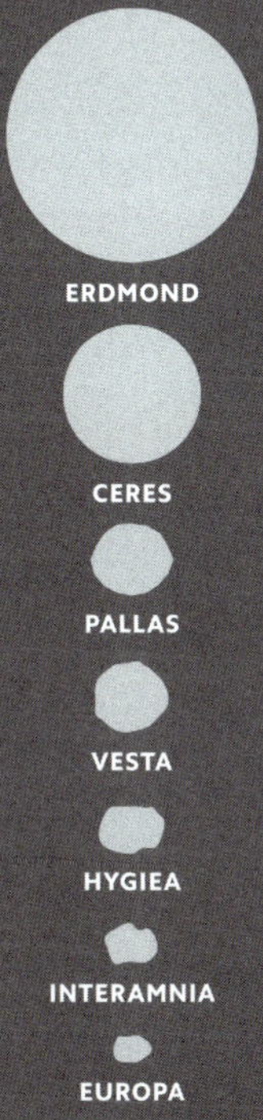

Die Trojaner sind zwei große Gruppen von Asteroiden auf der Umlaufbahn von Jupiter.

TROJANER

FELSBROCKEN IM WELTRAUM

Im Sonnensystem gibt es Millionen von Gesteinskörpern mit bis zu 1000 Kilometern Durchmesser – kleiner als Planeten, aber größer als Meteoroiden. Etwa 1,1–1,9 Millionen dieser sogenannten Asteroiden, die größer als ein Kilometer sind, kreisen im Asteroidengürtel um die Sonne. Sie sind, ebenso wie Kometen, Reste aus der Zeit der Entstehung des Sonnensystems.

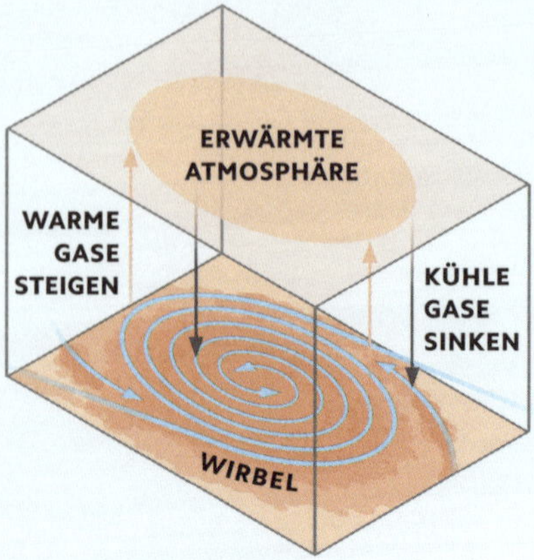

Der Große Rote Fleck

Dieser gewaltige Sturm bewegt sich zwischen zwei Jetstreams, die in der Atmosphäre in entgegengesetzte Richtungen kreisen. Diese Luftströmungen führen Gaswirbel heran, die mit dem Großen Roten Fleck verschmelzen und möglicherweise seine Rotation antreiben. Es kann auch sein, dass im Zentrum dieses mächtigen Luftwirbels heiße Gase spiralförmig aufsteigen.

Innerer Aufbau

Der heiße Kern ist von einem unter extrem hohem Druck stehenden Mantel aus metallischem Wasserstoff umgeben, der sich wie flüssiges Metall verhält, denn er leitet Elektrizität und erzeugt Magnetfelder. Darüber liegt ein riesiger Ozean aus flüssigem Wasserstoff, der allmählich in eine Atmosphäre übergeht, die zu 90 Prozent aus Wasserstoff besteht.

KÖNIG DER PLANETEN

Abgesehen von der Sonne ist Jupiter das massereichste Objekt in unserem Sonnensystem. Er ist so groß, dass alle anderen sieben Planeten in ihn hineinpassen würden. Als fünfter Planet ist er eines der hellsten Objekte am Nachthimmel, weil er das Sonnenlicht stark reflektiert. Der Gasriese braucht knapp zwölf Erdjahre für eine Umkreisung der Sonne. Weil er sich aber mehr als doppelt so schnell um sich selbst dreht wie die Erde, dauert ein Tag auf dem Jupiter nur zehn Stunden.

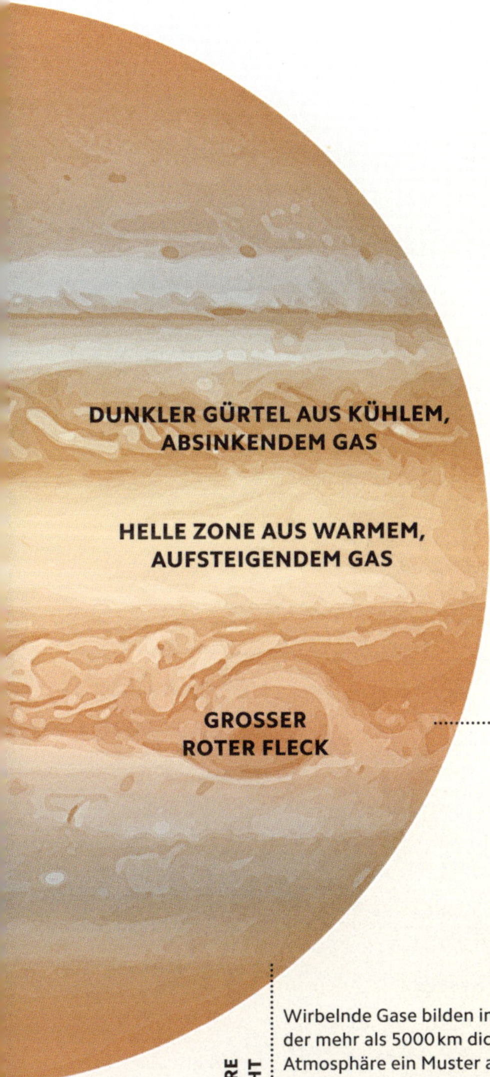

TURBULENTE ZONE
Ein starker Jetstream jagt durch die südliche tropische Zone. Sie ist die aktivste Wetterregion auf Jupiter.

ÄUSSERE SCHICHT
Wirbelnde Gase bilden in der mehr als 5000 km dicken Atmosphäre ein Muster aus Bändern: Die dunklen werden als Gürtel und die helleren als Zonen bezeichnet.

Im Kern herrscht eine Temperatur von 24 000 °C – das ist mehr als viermal so heiß wie die Sonnenoberfläche.

Zahlreiche Monde
Die großen, inneren Jupitermonde kreisen in der Richtung, in der der Planet rotiert. Die kleineren, äußeren Monde bewegen sich dagegen in einer ungeordneten Wolke. Wahrscheinlich kreisten sie früher um die Sonne und wurden dann von Jupiters Schwerkraft eingefangen.

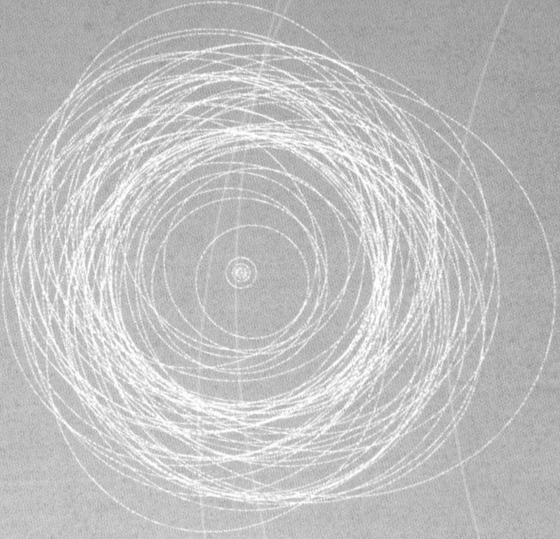

JUPITERS BEGLEITER

Insgesamt hat Jupiter mehr als 75 bestätigte Monde. Die vier Galileischen Monde sind die größten und gleichzeitig erregen sie das meiste wissenschaftliche Interesse. Sie und vier kleinere Monde, die näher an Jupiter sind, bilden seine regulären Satelliten, das heißt, sie haben relativ nahe und kreisförmige Umlaufbahnen. Alle übrigen Monde sind irreguläre Satelliten mit exzentrischen (elliptischen) Bahnen, die weiter von Jupiter entfernt und gegen seine Bahn geneigt sind.

KALLISTO

Unter den Galileischen Monden ist Kallisto am weitesten von Jupiter entfernt. Die Oberfläche ist so stark mit Kratern übersät, dass bei neuen Einschlägen meist alte Krater durch neue überdeckt werden.

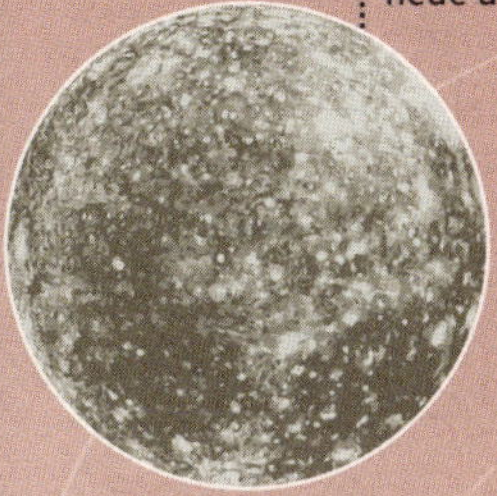

Galileische Monde

Diese vier Monde sind nach ihrem Entdecker benannt: Galileo Galilei erkannte sie als die ersten Objekte, die einen anderen Planeten als die Erde umkreisen. Wenn sie weit genug von Jupiter entfernt sind, kann man sie im Fernglas sehen.

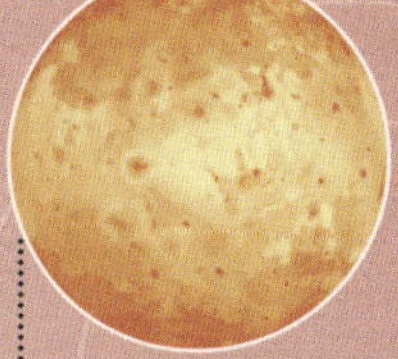

IO

Jupiters Gravitation verformt Io so stark, dass sein Inneres erhitzt wird und Vulkane entstehen. Dadurch ist Io der vulkanisch aktivste Himmelskörper im Sonnensystem.

+ **JUPITER**

EUROPA

Unter der Oberfläche von Europa liegt ein Meer aus flüssigem Wasser. Die Kruste aus Wassereis bewegt sich ähnlich wie die tektonischen Platten auf der Erde.

GANYMED

Ganymed hat einen Durchmesser von 5300 km und ist damit bedeutend größer als Merkur. Er ist der größte Mond im Sonnensystem.

Ganymed ist der einzige bekannte Mond mit eigenem Magnetfeld im Sonnensystem.

PLANET DER RINGE

Saturn ist der sechste Planet und der zweitgrößte im Sonnensystem. Bekannt ist vor allem sein riesiges, komplexes Ringsystem. Wie Jupiter ist er ein Gasriese und hat viele Monde – mindestens 80 –, die von der starken Schwerkraft im Orbit gehalten werden. Da er jedoch nur ein Drittel der Dichte des Jupiter hat, ist er der einzige Planet, der in Wasser schwimmen würde. Seine Rotationsachse ist geneigt, so wie die der Erde, sodass es auf Saturn Jahreszeiten gibt. Jede Jahreszeit dauert mehr als sieben Erdjahre.

Innerer Aufbau

Saturn hat, ebenso wie Jupiter, einen heißen Kern, der von einem ausgedehnten Ozean aus extrem dichtem, flüssigem, metallischem Wasserstoff umschlossen ist. Dieser geht schrittweise in die Gasschicht der Atmosphäre über.

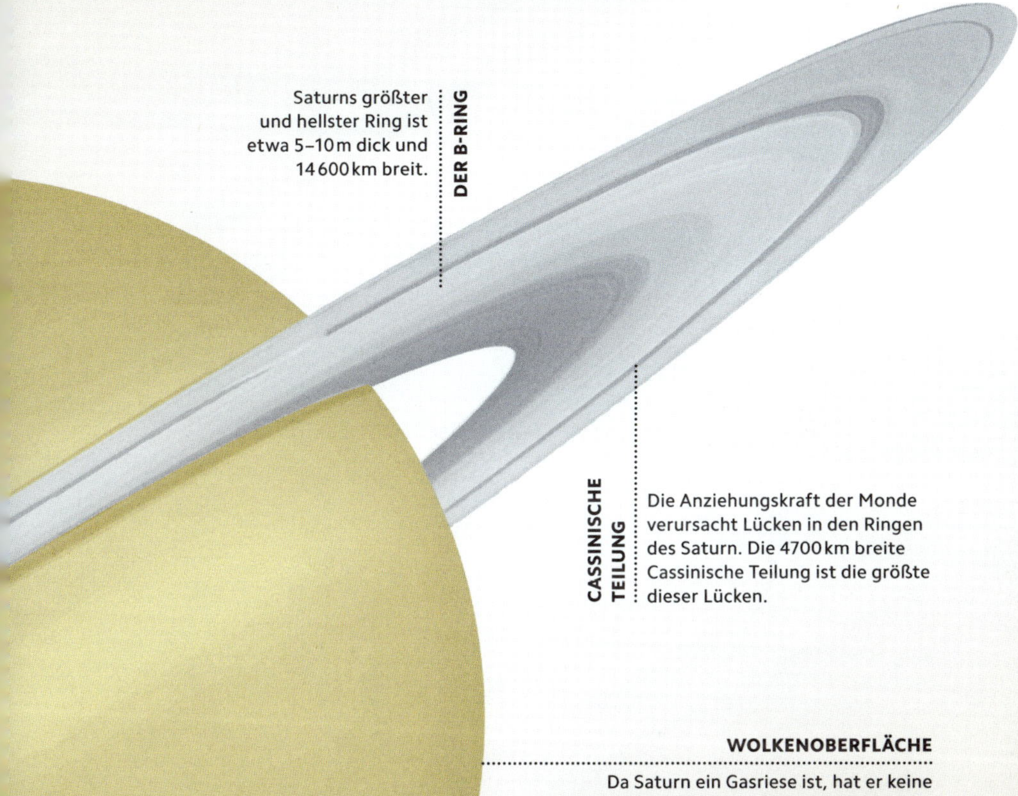

DER B-RING

Saturns größter und hellster Ring ist etwa 5–10 m dick und 14 600 km breit.

CASSINISCHE TEILUNG

Die Anziehungskraft der Monde verursacht Lücken in den Ringen des Saturn. Die 4700 km breite Cassinische Teilung ist die größte dieser Lücken.

WOLKENOBERFLÄCHE

Da Saturn ein Gasriese ist, hat er keine feste Oberfläche. Wolken aus Ammoniakeis in der oberen Atmosphäre verleihen dem Planeten eine gelblich-weiße Farbe. Die darunterliegende wasserstoffreiche Atmosphäre ist 1000 km dick.

Verhältnis der Umlaufzeiten

Während Saturn zweimal um die Sonne kreist, vollendet Jupiter fünf Umläufe. Das erscheint wie ein gebundenes System, ist aber Zufall, denn das Verhältnis der Umlaufzeiten ändert sich langsam.

GRÖSSTE TEILUNG
Die 4700 km breite Cassinische Teilung entstand durch die Schwerkraft von Mimas – einem der Monde des Saturn.
B-RING
5–10 m dick
C-RING
5 m dick
D-RING
SATURN
DUNKLER RING
Der dunkle, schwach leuchtende C-Ring wurde als dritter Saturnring entdeckt. Er ist 17 500 km breit.

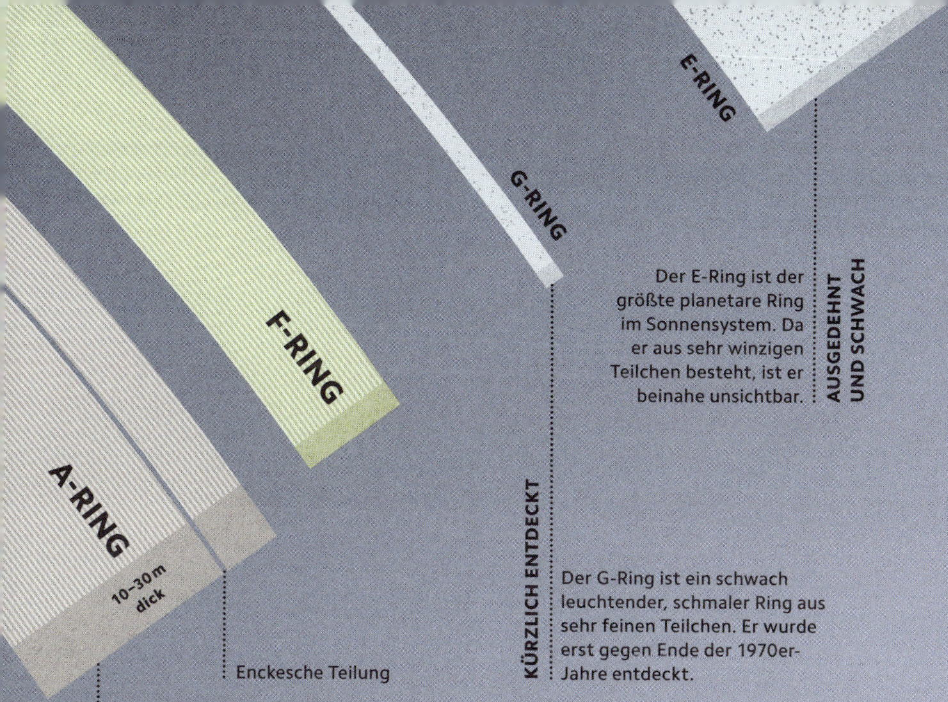

AUSGEDEHNT UND SCHWACH

Der E-Ring ist der größte planetare Ring im Sonnensystem. Da er aus sehr winzigen Teilchen besteht, ist er beinahe unsichtbar.

KÜRZLICH ENTDECKT

Der G-Ring ist ein schwach leuchtender, schmaler Ring aus sehr feinen Teilchen. Er wurde erst gegen Ende der 1970er-Jahre entdeckt.

Enckesche Teilung

LÜCKE IM RING

Der A-Ring ist der zweithellste Saturnring nach dem B-Ring. Innerhalb des A-Rings, in der Nähe seines äußeren Rands, liegt die Enckesche Teilung, eine 325 km breite Lücke.

RINGE AUS EIS

Mehrere Planeten haben Ringe, aber keine sind so spektakulär und komplex wie die des Saturn. Die großen Ringe enthalten zahlreiche kleinere und erstrecken sich bis zu einem Abstand von 282 000 Kilometern. Sie bestehen aus Milliarden von Eisbrocken (und wenigen Stein- und Staubkörnern), deren Größe zwischen einem Sandkorn und einem Haus liegt. Die Ringe tragen Buchstaben in der Reihenfolge ihrer Entdeckung, die Teilungen sind nach Astronomen benannt.

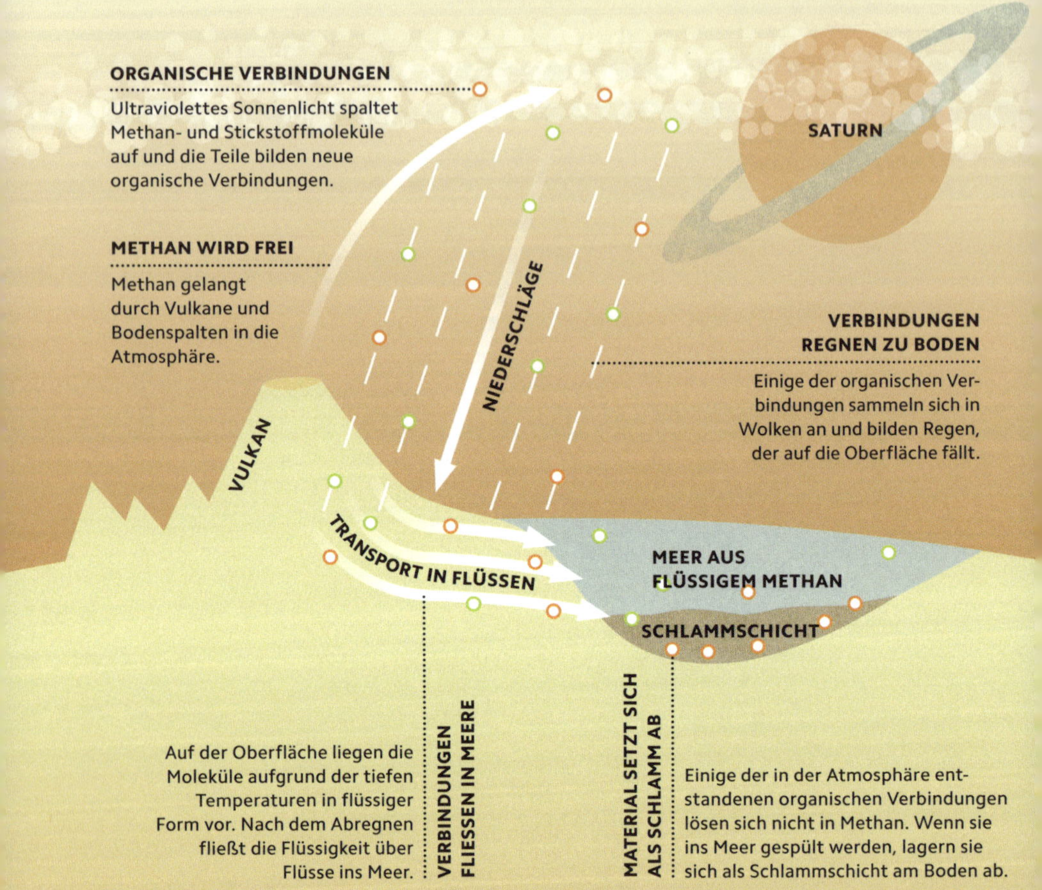

DER METHAN-MOND

Der größte Saturnmond ist Titan. Er ist neben der Erde der einzige Himmelskörper im Sonnensystem, der einen Wetterzyklus hat. Aufgrund der niedrigen Oberflächentemperatur von rund -180 °C bestehen die Seen, die Wolken und der Regen nicht aus Wasser, sondern aus Kohlenwasserstoffen wie Methan und Ethan. Die Atmosphäre besteht aus 95 Prozent Stickstoff und 5 Prozent Methan. Eine Schicht aus Ethan verleiht ihr einen leichten Schleier.

DER MOND IM E-RING

Enceladus ist ein kleiner, nur rund 500 Kilometer großer Mond im E-Ring (siehe S. 62–63). Er hat alles, was zur Entstehung von Leben notwendig ist, aber die Temperatur liegt nur bei etwa -200 °C, sodass das Oberflächenwasser gefroren ist. Die dicke Schneeschicht reflektiert viel Sonnenlicht, sodass Enceladus der Körper mit dem höchsten Reflexionsvermögen im Sonnensystem ist. Es gibt sogar Einschlüsse mit flüssigem Wasser, die wohl von der Hitze im Inneren des Monds herrühren.

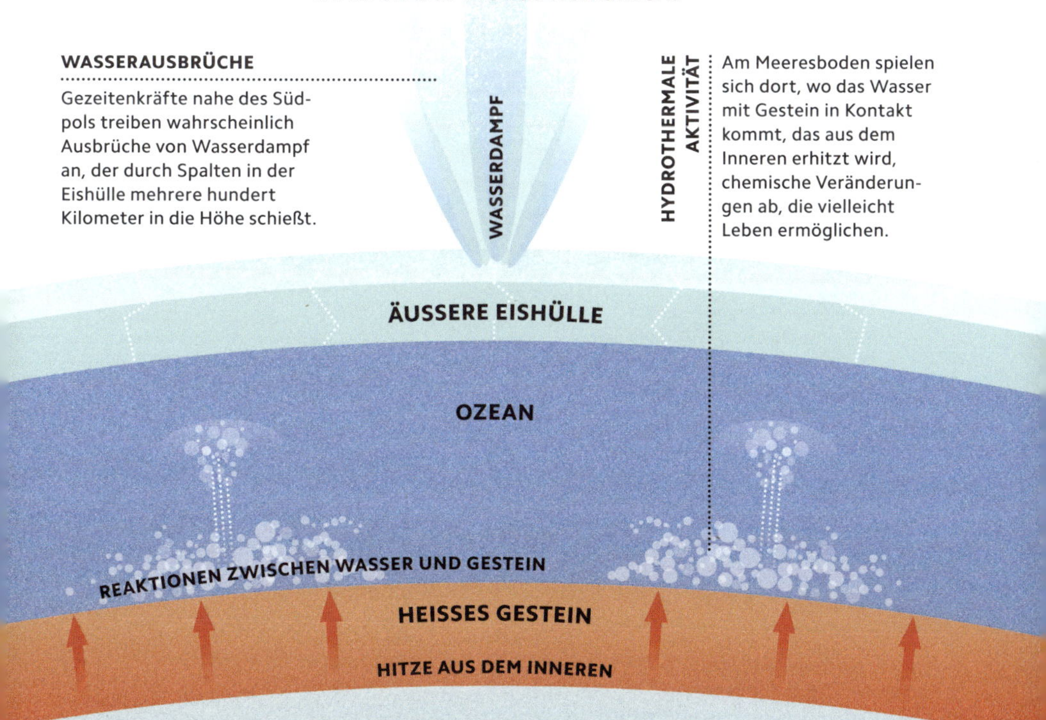

WASSERAUSBRÜCHE

Gezeitenkräfte nahe des Südpols treiben wahrscheinlich Ausbrüche von Wasserdampf an, der durch Spalten in der Eishülle mehrere hundert Kilometer in die Höhe schießt.

HYDROTHERMALE AKTIVITÄT

Am Meeresboden spielen sich dort, wo das Wasser mit Gestein in Kontakt kommt, das aus dem Inneren erhitzt wird, chemische Veränderungen ab, die vielleicht Leben ermöglichen.

Aktivität in den Ozeanen
Wärme aus dem Inneren bewirkt wohl chemische Veränderungen im Meerwasser. An einigen Stellen brechen Fontänen aus Eis und Wasserdampf durch die Eishülle.

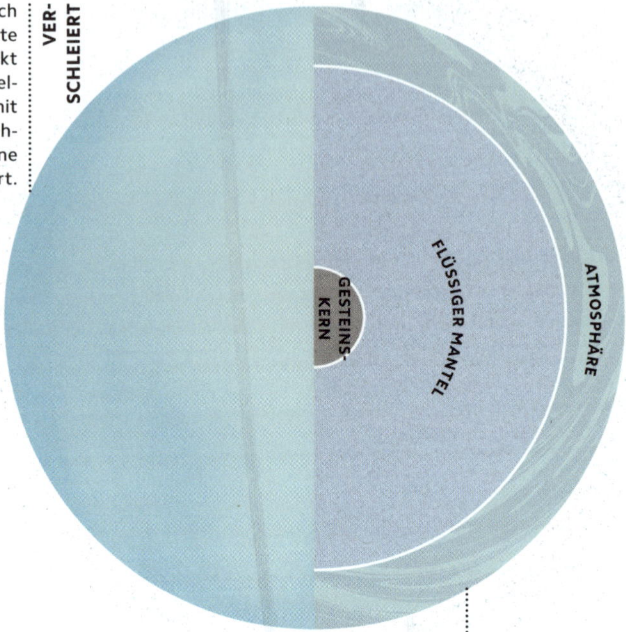

VERSCHLEIERT

Die kaum durch Wolken verdeckte Oberfläche wirkt durch Wechselwirkungen mit der UV-Strahlung der Sonne verschleiert.

RINGE

Der innerste sowie zwei der äußeren Uranusringe sind breit, schwach leuchtend und bestehen aus Staubkörnern. Dazu gibt es zehn schmale innere Ringe, die aus Eis und einem unbekannten dunklen Stoff bestehen.

ATMOSPHÄRE

In der unteren Atmosphäre wüten starke Stürme. Sie liegt über einem heißen, flüssigen Mantel und einem Kern, der hauptsächlich aus Gestein besteht.

DER ROLLENDE PLANET

Uranus ist ein Eisriese mit großen Mengen an Wasser-, Methan- und Ammoniak-Eis. Er ist der siebte Planet und kreist im Abstand von rund 2,9 Milliarden Kilometern um die Sonne. Da sein Äquator beinahe rechtwinklig zur Bahnebene liegt, hat er die extremsten Jahreszeiten aller Planeten: Je ein Viertel der 84 Jahre dauernden Umlaufzeit ist der eine Pol der Sonne zugewandt, während der andere in ständiger Dunkelheit liegt. Uranus dreht sich außerdem im Gegensatz zu fast allen anderen Planeten von Ost nach West.

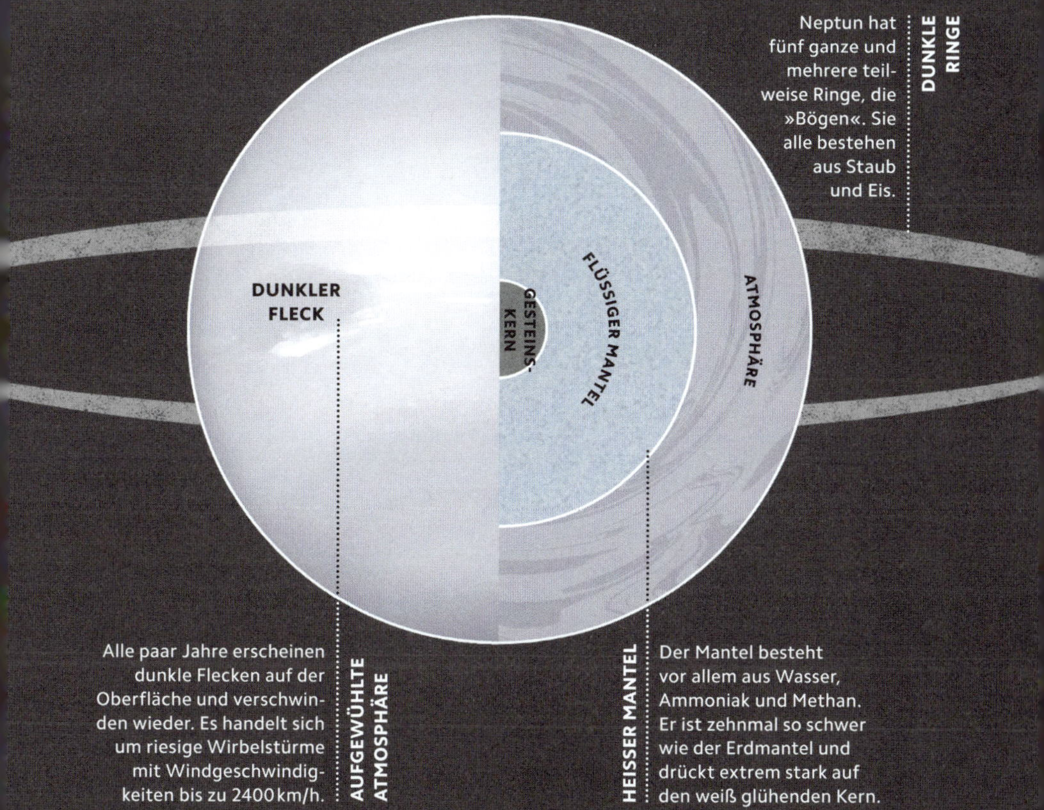

DER ÄUSSERSTE RIESE

Neptun ist kaum kleiner als Uranus, aber seine Umlaufbahn ist mit 4,5 Milliarden Kilometern wesentlich weiter von der Sonne entfernt. Ein Umlauf dauert 165 Erdenjahre. Beide Planeten leuchten wegen des Methans in ihren beinahe identischen Atmosphären blau. Der dunklere Farbton des Neptun deutet darauf hin, dass bei ihm ein weiterer, noch unbekannter Stoff vorhanden ist. Im Inneren von Uranus und Neptun könnte der hohe Druck möglicherweise bewirken, dass zwischen Mantel und Kern ein Meer aus Diamanten liegt.

GEFRORENE WELT

Der Durchmesser des winzigen Pluto beträgt nur zwei Drittel des Monddurchmessers. Als die Internationale Astronomische Union (IAU) 2006 die Kriterien für die Klassifizierung der Planeten festlegte, wurde Pluto als Zwergplanet eingestuft. Der größte seiner fünf Monde heißt Charon und er ist etwa halb so groß wie Pluto selbst. Die durchschnittliche Oberflächentemperatur beträgt -233 °C, sodass die mit Wassereis bedeckten Berggipfel noch mit weißem Methanfrost überzogen sind. Es gibt Hinweise auf aktive Kryovulkane, die Wasser, Ammoniak oder Methan ausstoßen.

TOMBAUGH REGIO

Dieses große, helle Landschaftsmerkmal erstreckt sich über 1590 km. Darin liegt Sputnik Planitia, ein tiefes Stickstoffbecken, aus dem mehrere sehr hohe Berge aus Wassereis aufragen.

Das Licht der Sonne ist bis Pluto mehr als fünf Stunden unterwegs.

KRUSTE
Die äußere Schicht des Pluto ist eine dünne, eisige Kruste aus Methan und Stickstoff, die mindestens 4 km dick ist.

Innerer Aufbau

Der Gesteinskern ist bei Pluto ungewöhnlich groß: Er umfasst mindestens 60 Prozent seiner Masse. Um den Kern liegt ein Mantel aus Eis und darüber wiederum eine dünne Kruste aus Stickstoff. Der Wind in der dünnen Stickstoffatmosphäre weht in die entgegengesetzte Rotationsrichtung von Pluto.

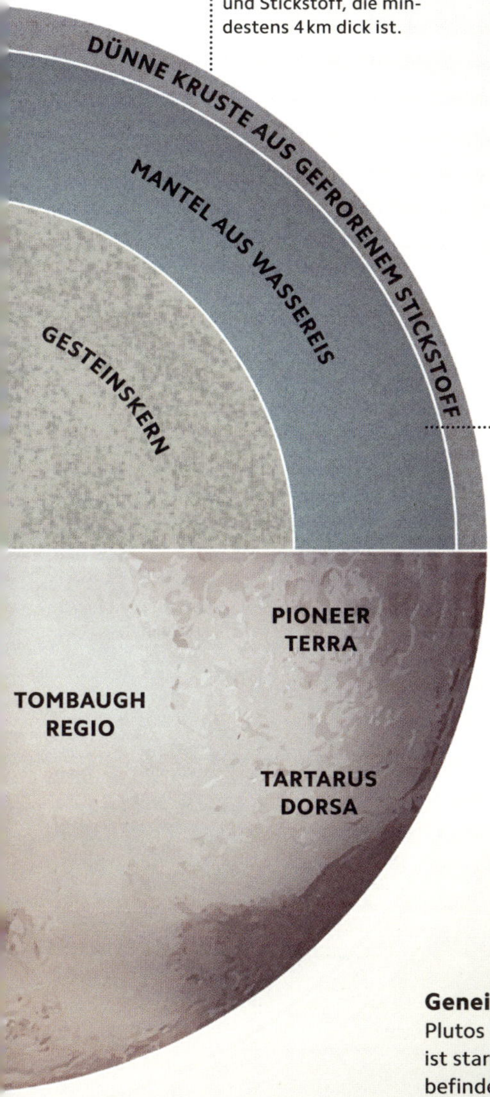

MANTEL
Im unteren Teil des eisigen Mantels liegt möglicherweise eine Schicht aus flüssigem Wasser.

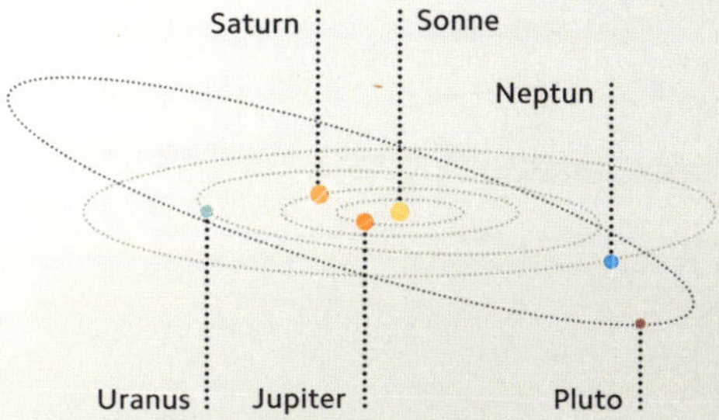

Geneigte Umlaufbahn

Plutos Umlaufbahn (Umlaufzeit 248 Jahre) ist stark geneigt und sehr lang gezogen. Daher befindet er sich mal ober- und mal unterhalb der Ebene der Hauptplaneten und auch sein Abstand von der Sonne variiert sehr stark.

KALTER ÄUSSERER RING

Der Kuipergürtel ist eine ringförmige, relativ flache Scheibe aus eisigen Objekten, die um die Sonne kreisen. Sein innerer Rand liegt dicht an der Neptunbahn. Man nimmt an, dass die Objekte Überreste aus der Frühzeit des Sonnensystems sind, die einst der Sonne näher waren, aber immer weiter nach außen an ihre heutige, kalte Position trieben. Ihre Zahl geht in die Billionen und man vermutet hier den Ursprung der meisten kurzperiodischen Kometen, die die Sonne umkreisen (siehe S. 75). Außerdem beherbergt der Kuipergürtel die Zwergplaneten Haumea, Makemake, Eris und Pluto.

BREITER GÜRTEL

Der Kuipergürtel beginnt in etwa 4,5 Mrd. km Abstand von der Sonne und erstreckt sich bis zu einer Entfernung von rund 8,6 Mrd. km.

GRÖSSTER ZWERGPLANET

Pluto ist das größte Objekt im Kuipergürtel, wird aber dennoch als Zwergplanet eingestuft, weil er seine Umlaufbahn mit kleineren Objekten teilt, die er nicht beseitigen konnte.

HAUMEA

NEPTUN

MAKEMAKE

KLEINE HIMMELSKÖRPER

Zwergplaneten wurden, genau wie die großen Planeten, von ihrer eigenen Schwerkraft zu beinahe vollkommenen Kugeln geformt und umkreisen die Sonne. Der entscheidende Unterschied, den die Internationale Astronomische Union (IAU) definiert, liegt darin, dass Zwergplaneten ihre Umlaufbahn nicht von kleineren Körpern »freigeräumt« haben. Die IAU erkennt bisher fünf Zwergplaneten an, aber Astronomen erwarten im Kuipergürtel noch Hunderte mehr. Nur einer der fünf Zwergplaneten, Ceres, kreist im Asteroidengürtel (siehe S. 54–55), die übrigen befinden sich im Kuipergürtel. Einige Zwergplaneten haben sogar eigene Monde.

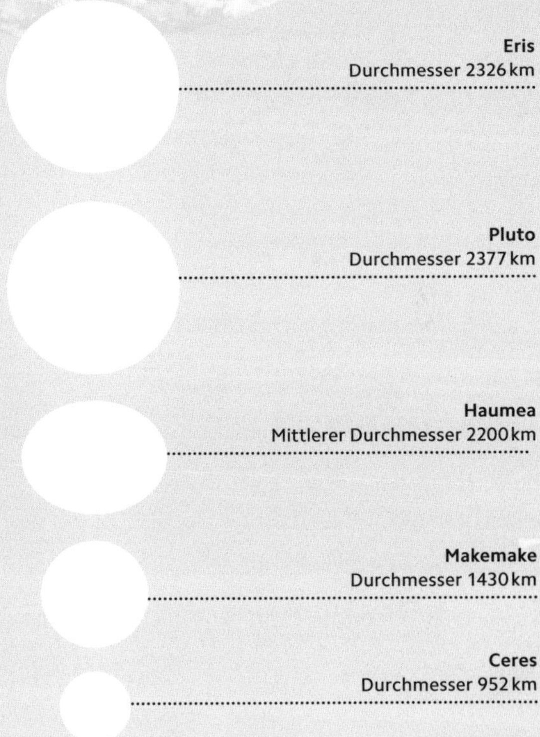

Sonnenlicht braucht bis Eris, die am weitesten entfernt ist, neun Stunden.

Die Oortsche Wolke aus kleinen, eisigen Körpern umgibt das Sonnensystem jenseits des Kuipergürtels (siehe S. 70). Aus ihr stammen wohl viele langperiodische Kometen. Sie beginnt im Abstand von etwa 300–750 Milliarden Kilometern von der Sonne und ihr Außenrand ist 1,5–15 Billionen Kilometer von ihr entfernt – das ist die halbe Entfernung zum nächsten Stern. Die Umlaufbahnen ihrer Objekte sind in allen möglichen Winkeln geneigt, anders als die des Kuiper- oder Asteroidengürtels, die meist in der Ebene der Planeten kreisen.

> **»Die Sonne muss von einer Kometenwolke umgeben sein …«**
>
> Jan Oort

DIE AUSSENRÄNDER

Die Sonne emittiert einen konstanten Strom elektrisch geladener Teilchen, den Sonnenwind. Er durchströmt die gesamte Heliosphäre, die sich dreimal weiter ins All erstreckt als die Plutobahn. An ihrem Rand, der Heliopause, kollidiert er mit dem interstellaren Medium – dem dünnen Gas zwischen den Sonnensystemen. Dahinter, im interstellaren Raum, folgt noch die Oortsche Wolke.

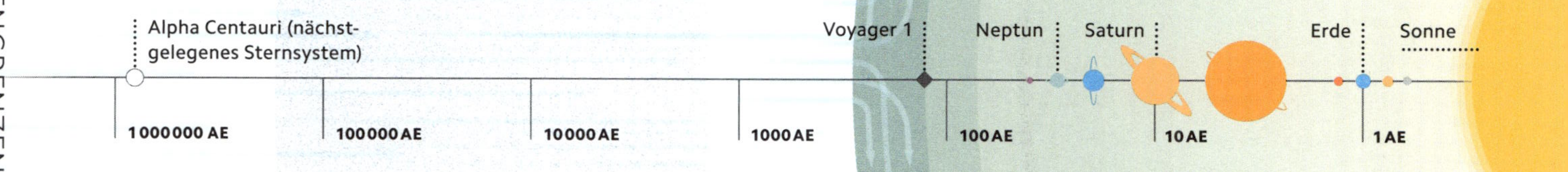

RANDSTOSSWELLE

Der Druck des interstellaren Mediums bremst den Sonnenwind abrupt ab. Diese Grenze wird als *Termination-Shock* oder Randstoßwelle bezeichnet.

Zwischen den Sonnensystemen

Der Raum zwischen den Sternen in einer Galaxie heißt „interstellarer Raum". Er ist vor allem von Staub, Gas und kosmischer Strahlung erfüllt. In den dichtesten Regionen des interstellaren Mediums entstehen neue Sterne.

BUGWELLE

Dort, wo sich der Sonnenwind weiter durch das interstellare Medium bewegt, ruft er eine Bugwelle hervor, vergleichbar mit der eines Schiffs im Wasser.

HELIOPAUSE

An der Heliopause herrscht Ausgleich zwischen dem Druck des Sonnenwinds und dem des interstellaren Mediums.

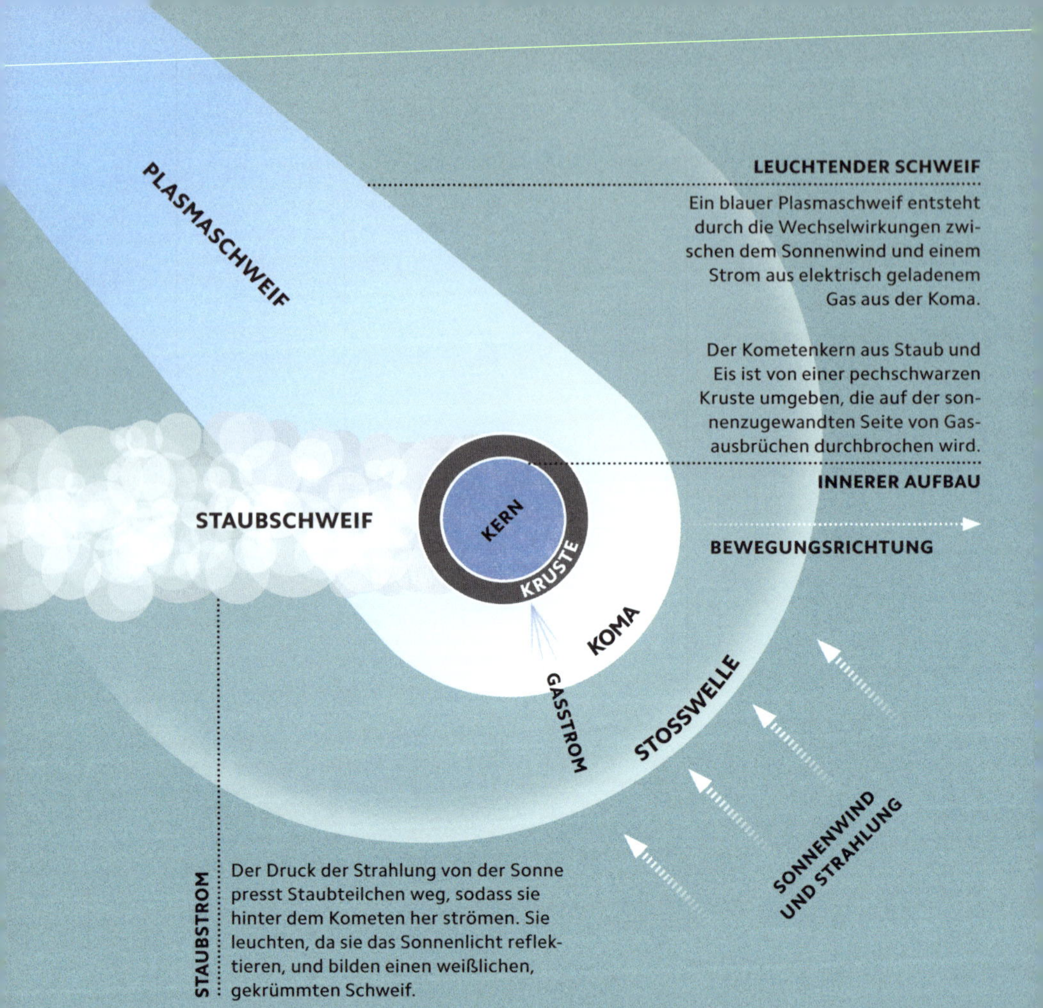

KOSMISCHE SCHNEEBÄLLE

Kometen sind gefrorene Körper aus Staub und Eis, die bei der Entstehung des Sonnensystems übrig blieben. Die meisten stammen wohl aus der Oortschen Wolke (siehe S. 72) und einige auch aus dem Kuipergürtel (siehe S. 70). In Sonnennähe verdampft das Eis durch die Wärme der Sonne, sodass sich eine Koma (Atmosphäre) bildet. Dort, wo der Sonnenwind auf die Koma trifft, entsteht eine Stoßwelle. Wechselwirkungen zwischen Sonnenwind und Koma sowie der Strahlungsdruck der Sonne auf die Koma bewirken die Entstehung zweier Schweife.

KOMETENBAHNEN

Es gibt lang- und kurzperiodische Kometen. Erstere stammen wohl aus der Oortschen Wolke und brauchen für einen Umlauf um die Sonne mehr als 200 Jahre. Letztere kommen aus dem Kuipergürtel und kreisen in weniger als 200 Jahren um die Sonne. Alle Kometenbahnen sind elliptisch, aber die der langperiodischen Kometen sind häufig sehr schmal und stark in die Länge gezogen, während die Bahnen der kurzperiodischen Kometen eher kreisförmig sind.

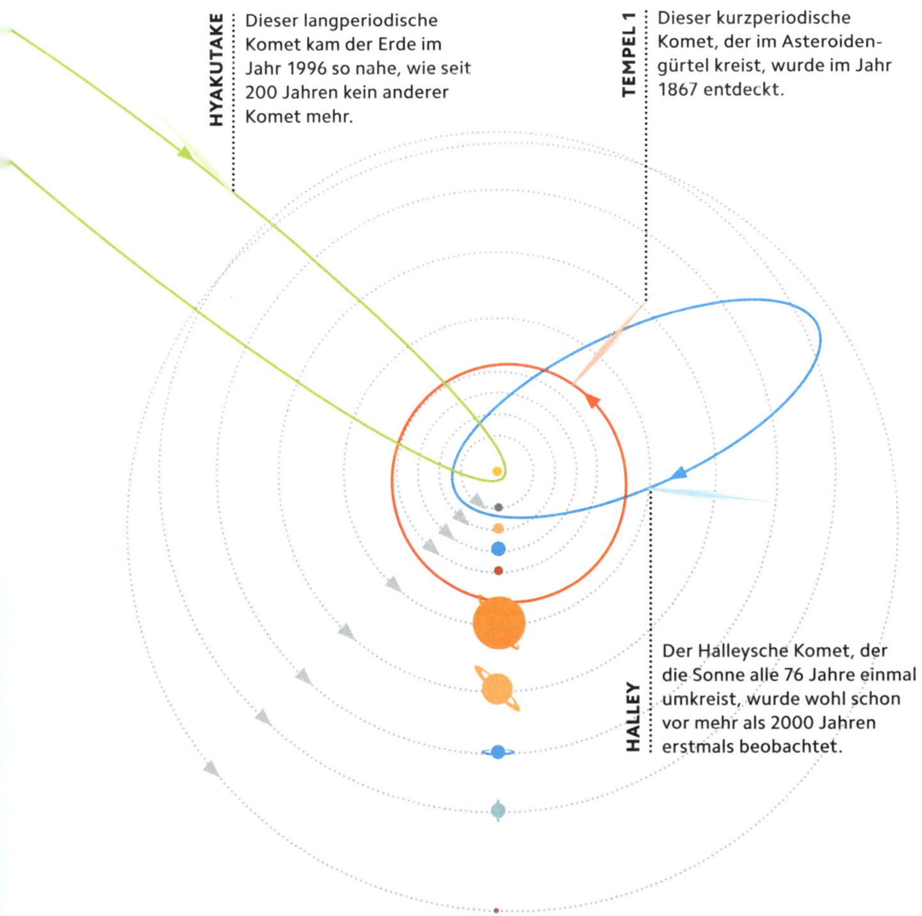

LICHTSTREIFEN AM HIMMEL

Meteore, oft auch Sternschnuppen genannt, sind Lichtstreifen, die entstehen, wenn Objekte aus Gestein oder Metall – sogenannte Meteoroiden – in die Erdatmosphäre eindringen. Meteoroiden sind kleiner als Asteroiden, manchmal so klein wie ein Sandkorn. Bis zu fußballgroße Meteoroiden erzeugen wesentlich hellere Feuerkugeln, die längere Zeit sichtbar bleiben. Einige Meteoroiden treffen mit so hoher Geschwindigkeit auf die Atmosphäre, dass sie in der Luft explodieren und eine Detonationswelle erzeugen. Bei einer solchen Explosion über Sibirien knickten 1908 auf einer Fläche von 2000 km² alle Bäume um.

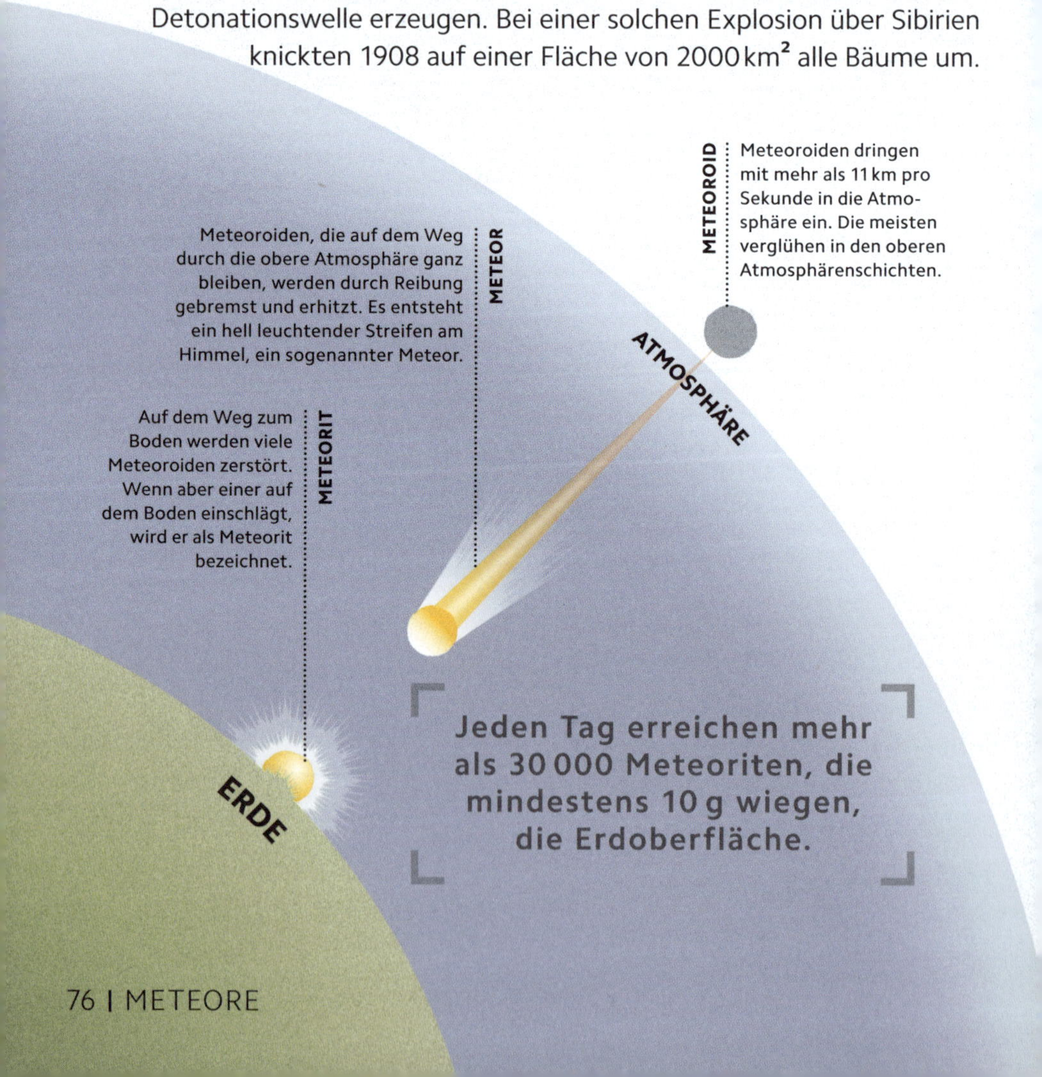

Jeden Tag erreichen mehr als 30 000 Meteoriten, die mindestens 10 g wiegen, die Erdoberfläche.

Es dauert oft viele zehntausend Jahre, bis ein einzelner Meteoroidenstrom entstanden ist.

SPUR AUS STAUB UND KÖRNCHEN

DURCH DEN STROM

Wenn die Erde z. B. den Staub des Kometen Swift-Tuttle passiert, beobachten wir den Meteorstrom der Perseiden mit 90 oder mehr Meteoren pro Stunde.

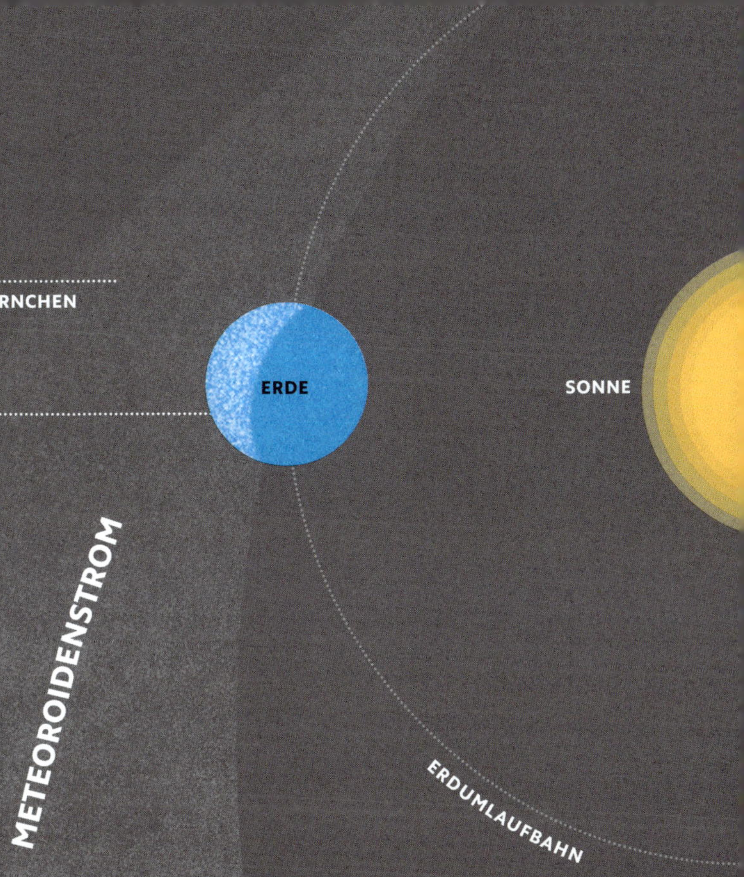

TEILCHENSTRÖME

Kometen und Asteroiden, die die Sonne umkreisen, hinterlassen oft Ströme von Gesteins- und Staubteilchen, die von ihnen abbrechen. Einige dieser Ströme, deren Teile meist kleiner sind als Kieselsteine, kreuzen die Bahn der Erde um die Sonne. Durchquert die Erde einen solchen Teilchenstrom, treten mehr Meteoroiden als sonst in die Atmosphäre ein, sodass reihenweise Meteore zu beobachten sind. Diese Meteorströme oder -schauer treten jedes Jahr zur gleichen Zeit an etwa der gleichen Stelle am Himmel auf und lassen sich daher vorhersagen, auch wenn ihre Intensität oft variiert.

STERNE UND GALAXI

E N

Trotz seiner Größe ist das Sonnensystem nur ein winziger Teil einer riesigen Ansammlung aus Sternen, Gas und Staub: unserer Galaxie namens Milchstraße. Die Sonne ist nur einer ihrer wohl etwa 400 Milliarden Sterne. Die Milchstraße ist eine Spiralgalaxie mit mehreren hellen Armen, die von einem zentralen Kern ausgehen. Galaxien gibt es jedoch auch in anderen Formen und allen möglichen Größen und es kommt immer wieder zu gewaltigen Ereignissen, wie zum Beispiel zu Kollisionen. Auch die Schwarzen Löcher im Zentrum der meisten Galaxien sind oft sehr aktiv und senden starke Strahlung aus. Meist treten Galaxien nicht isoliert, sondern in Haufen auf, die sich wiederum zu Superhaufen gruppieren.

LICHTER AM HIMMEL

Nahezu jeder Lichtpunkt am Nachthimmel ist eine Sonne: eine massereiche Kugel aus extrem heißen, glühenden Gasen. Im Kern der Sterne erzeugen Kernfusionsreaktionen so große Energiemengen, dass die Hitze ausreicht, um das Gas in elektrisch geladenes Plasma zu verwandeln. Die Energie wird durch die äußeren Schichten zur Oberfläche übertragen und in Form von Wärme und Licht abgestrahlt.

Kräftegleichgewicht
Ohne die Energie, die im Kern erzeugt wird, würden Sterne unter ihrem Gewicht zusammenstürzen. Der Druck von expandierendem Gas und Strahlung gleicht die Zugkraft der Gravitation aus.

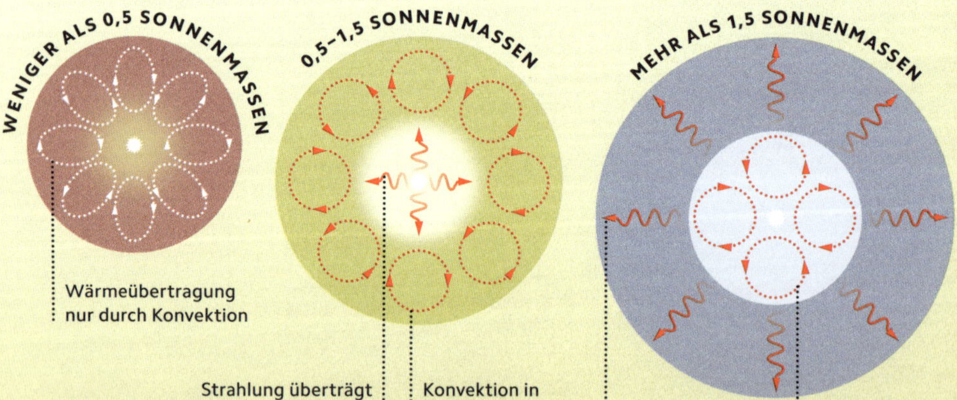

Wärmeübertragung
Die Wärme aus dem Kern gelangt durch Strahlung oder Konvektion (Materialbewegung) nach außen. Konvektion tritt auf, wo Strahlung die Wärme zu langsam abführt – in massearmen Sternen, den äußeren Schichten sonnenähnlicher Sterne und im Kern massereicher Sterne.

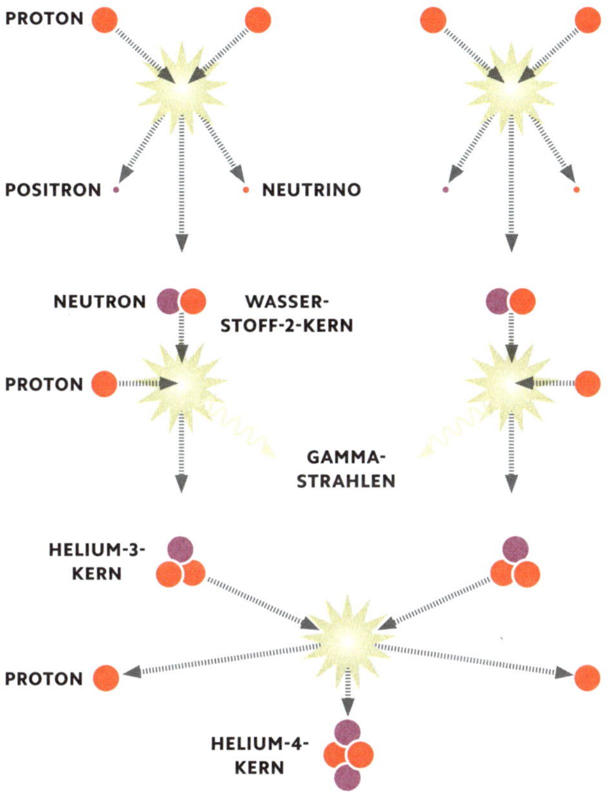

DIE PROTON-PROTON-REAKTION

Protonen verschmelzen
Zwei Protonen fusionieren zu einem Wasserstoff-2-Kern (1 Proton und 1 Neutron). Dabei werden ein Positron und ein Neutrino freigesetzt.

Energie wird frei
Trifft der Kern auf ein weiteres Proton, entsteht ein Helium-3-Kern und es wird Energie in Form eines Gammastrahls freigesetzt.

Helium entsteht
Wenn zwei Helium-3-Kerne kollidieren, verschmelzen sie zu einem einzigen Helium-4-Kern und es werden zwei Protonen abgegeben, die die Kettenreaktion fortsetzen können.

MATERIE WIRD ZU ENERGIE

Im Kern von Sternen sind Druck und Temperatur so hoch, dass Wasserstoff zu Helium verschmolzen wird. In sonnenähnlichen Sternen läuft dazu die Proton-Proton-Reaktion ab. Energie wird frei, wenn Protonen (Wasserstoffkerne) zu Heliumkernen fusionieren, wobei einzelne Protonen die Reaktionskette fortsetzen. In heißeren, massereicheren Sternen wird ebenfalls Wasserstoff in Helium umgewandelt, aber hier läuft der komplexere Bethe-Weizsäcker-Zyklus (CNO-Zyklus) ab, bei dem Kohlenstoff, Stickstoff und Sauerstoff als Katalysatoren fungieren.

ZWERGE, RIESEN UND SUPERRIESEN

Sterne unterscheiden sich stark in Größe, Helligkeit, Temperatur, Farbe und Lebensdauer. Einige dieser Eigenschaften hängen miteinander zusammen. Die Farbe hängt beispielsweise von der Temperatur ab: Kühle Sterne leuchten rot, da sie vor allem energiearmes, langwelliges Licht ausstrahlen, während die heißesten Sterne energiereiches, kurzwelliges, blaues Licht emittieren. Viele Eigenschaften diktiert auch die Masse: Ein Objekt mit weniger als acht Prozent der Sonnenmasse kann kein Stern werden und es ist auch kein stabiler Stern mit mehr als 150 Sonnenmassen bekannt.

WEISSE ZWERGE

Massearme Riesensterne stoßen am Ende ihre äußeren Schichten ab, sodass nur ein kompakter Kern übrig bleibt, der zu einem Weißen Zwerg wird.

30000 K | 20000 K | 10000 K

Eigenschaften der Sterne
Ordnet man die Sterne entsprechend ihrer Leuchtkraft und Temperatur in ein Raster ein (laut Konvention liegen die heißesten Sterne auf der linken Seite), sieht man, dass sie Gruppen mit bestimmten Eigenschaften bilden.

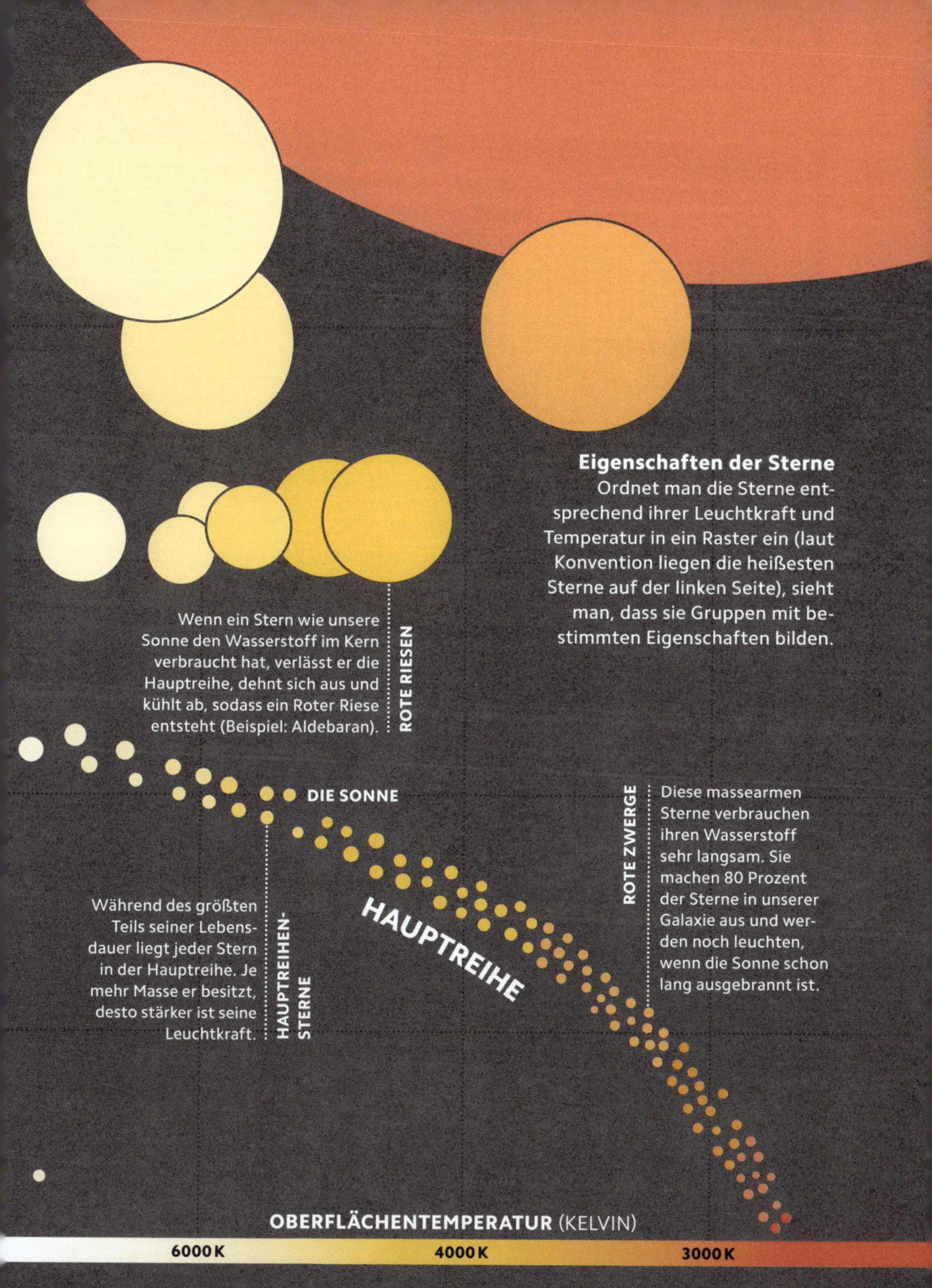

ENTSTEHUNG UND TOD

Alle Sterne bilden sich aus kollabierenden Wolken aus interstellarem Staub und Gas, aber nach ihrer Geburt hängt die weitere Entwicklung von ihrer Masse ab. Sie bestimmt, wie ein Stern seinen Brennstoff verbraucht. Die Lebensdauer reicht von zehn Millionen bis 100 Milliarden Jahren. Sterne wie die Sonne geben den Großteil ihres Materials am Ende wieder ins All ab und legen damit den Grundstein für die Entstehung neuer Sterne.

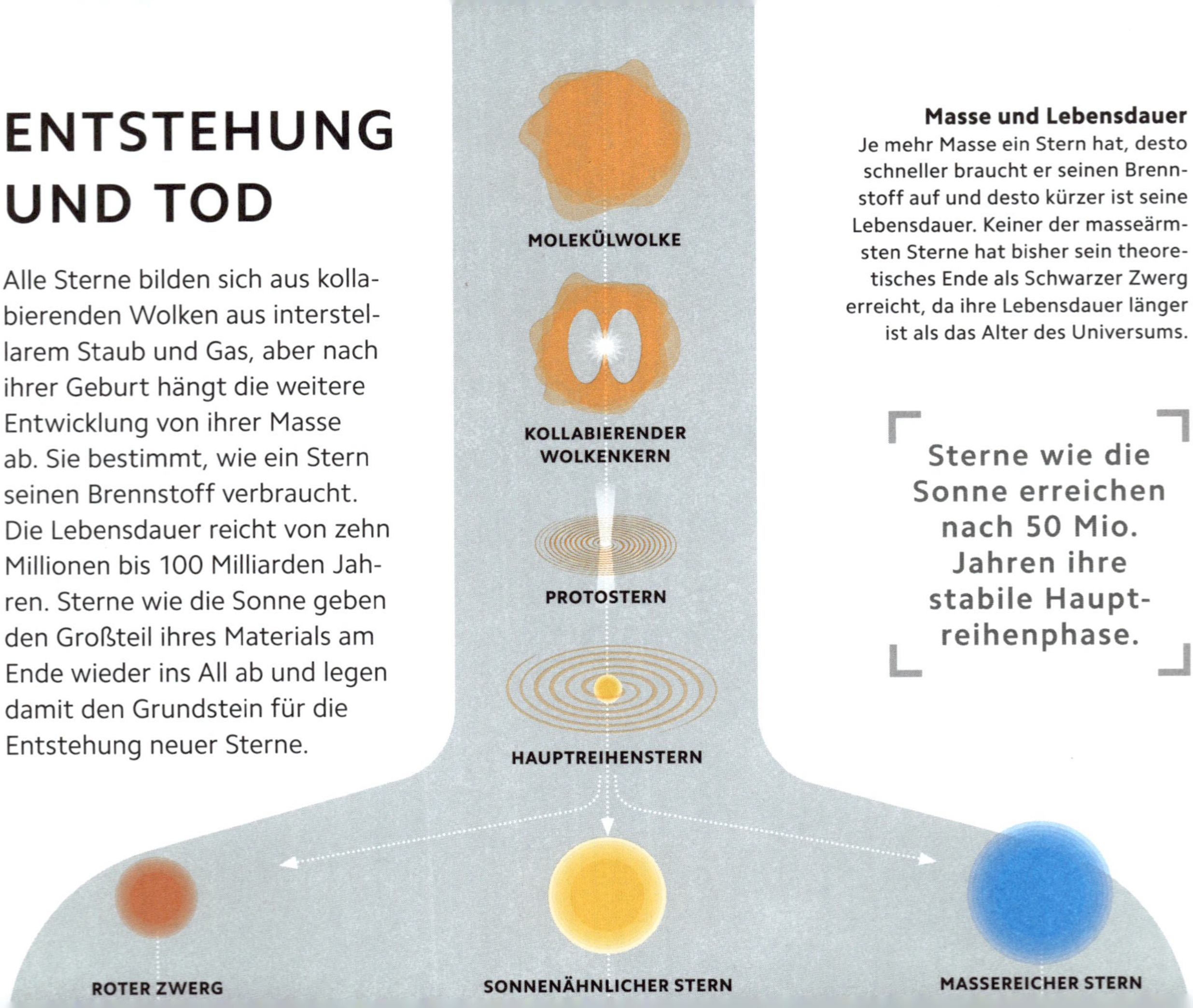

Masse und Lebensdauer
Je mehr Masse ein Stern hat, desto schneller braucht er seinen Brennstoff auf und desto kürzer ist seine Lebensdauer. Keiner der masseärmsten Sterne hat bisher sein theoretisches Ende als Schwarzer Zwerg erreicht, da ihre Lebensdauer länger ist als das Alter des Universums.

Sterne wie die Sonne erreichen nach 50 Mio. Jahren ihre stabile Hauptreihenphase.

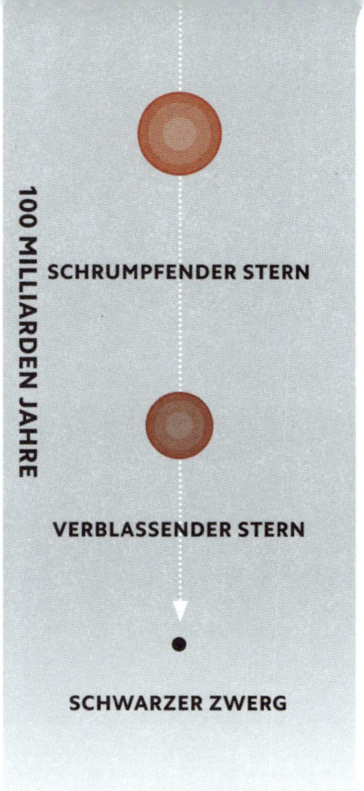

Massearme Sterne
Rote Zwerge verbrennen den Wasserstoff sehr langsam. In dem Maß, wie die Fusion nachlässt, überwiegt die Gravitation den nach außen gerichteten Druck. Der Stern endet als kalter, inaktiver Zwerg.

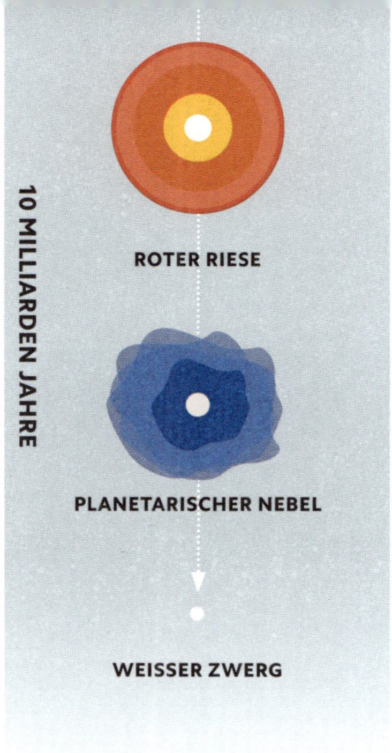

Sterne mittlerer Masse
Ein Stern wie die Sonne leuchtet 10 Mrd. Jahre. Dann expandiert er zu einem Roten Riesen, in dessen Kern Helium zu Kohlenstoff fusioniert. Die äußeren Schichten werden abgestoßen und übrig bleibt ein heißer, Weißer Zwerg.

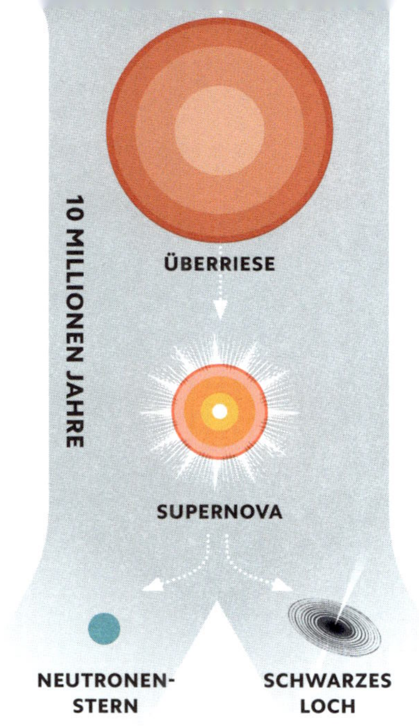

Massereiche Sterne
Massereiche Sterne verbrauchen ihren Brennstoff rasch, leuchten sehr hell und blähen sich dann zu Überriesen auf. Am Ende explodieren sie als Supernovae und hinterlassen, je nach Masse, einen Neutronenstern oder ein Schwarzes Loch.

Die größten Molekülwolken haben 600 Lichtjahre Durchmesser – 140-mal so viel wie der Abstand zu unserem nächsten Stern.

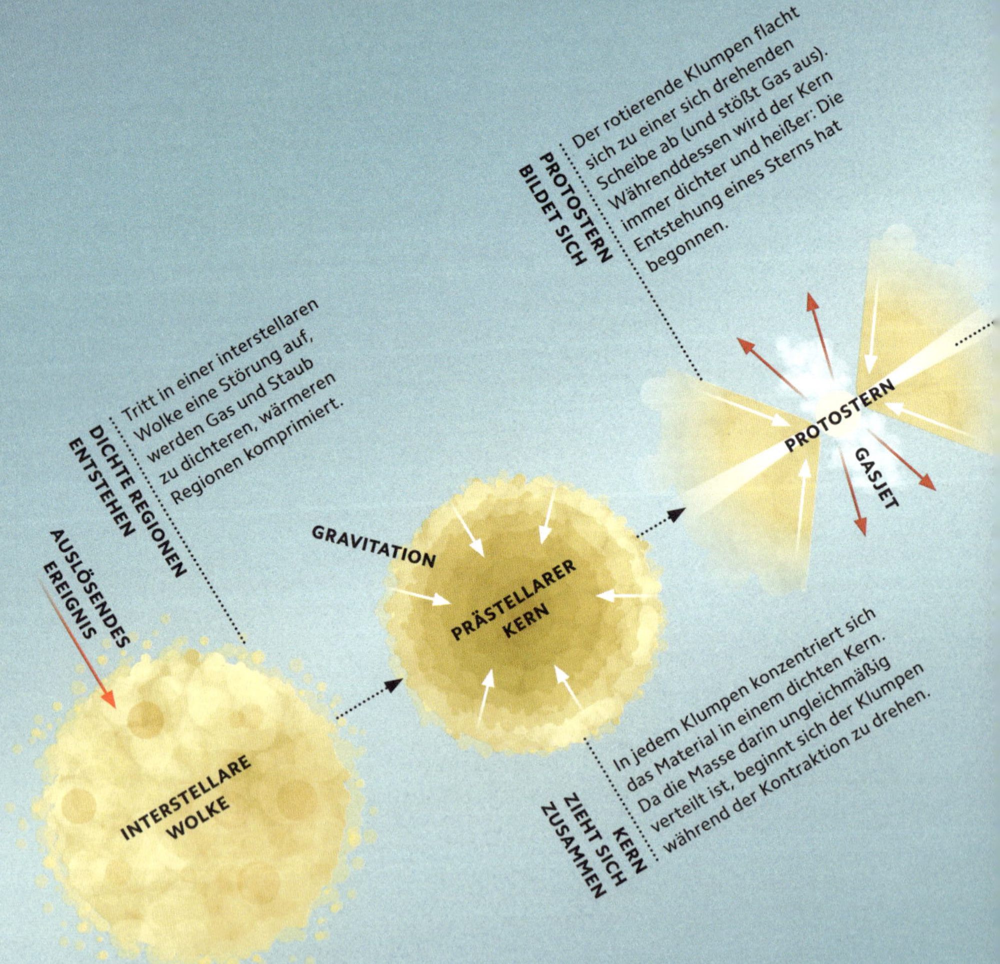

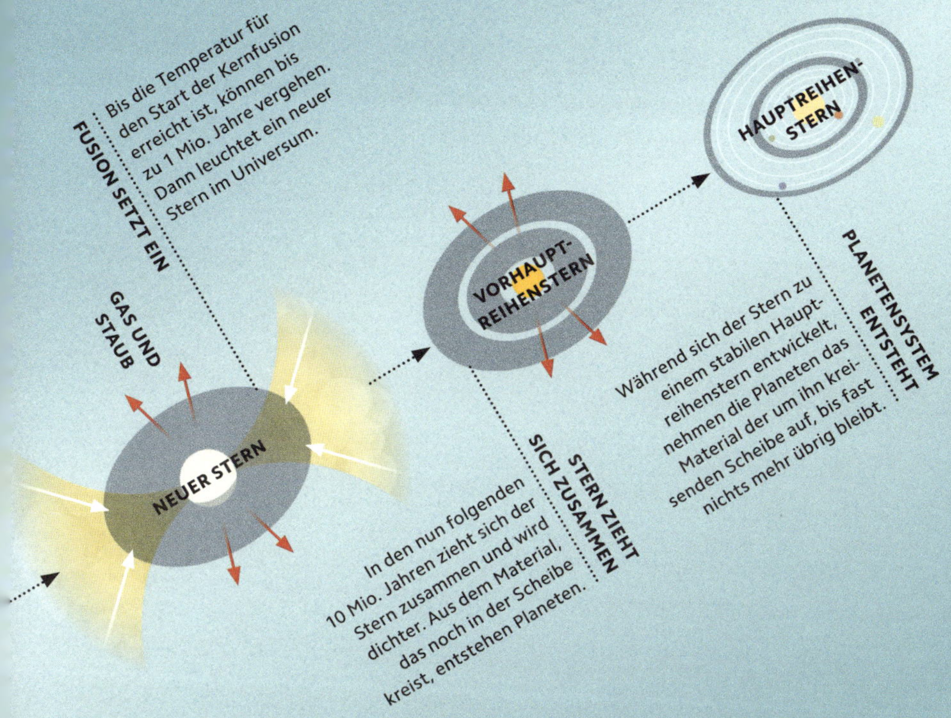

GEBURT EINES STERNS

Sterne entstehen aus riesigen Gas- und Staubwolken, die vor allem aus Wasserstoffmolekülen bestehen. Ein auslösendes Ereignis wie die Anziehungskraft eines Sterns oder die Schockwelle einer nahen Supernovaexplosion verdichtet bestimmte Stellen in der Molekülwolke. Wird einer der Klumpen so dicht und heiß, dass die Kernfusion einsetzt, wird ein Stern geboren. Im Zuge dieses Vorgangs können in der Materialscheibe, die um den jungen Stern kreist, auch Planeten entstehen.

> **Da die Wolken in frühen Teleskopen Planeten ähnelten, heißen sie »planetarische Nebel«, aber sie haben nichts mit Planeten zu tun.**

Wasserstoff wird ausgestoßen
Wenn der Kern in sich zusammenstürzt, beginnen neue Fusionsreaktionen und durch die Strahlung dehnt sich die Schicht aus nicht verbrauchtem Wasserstoff rasch nach außen aus.

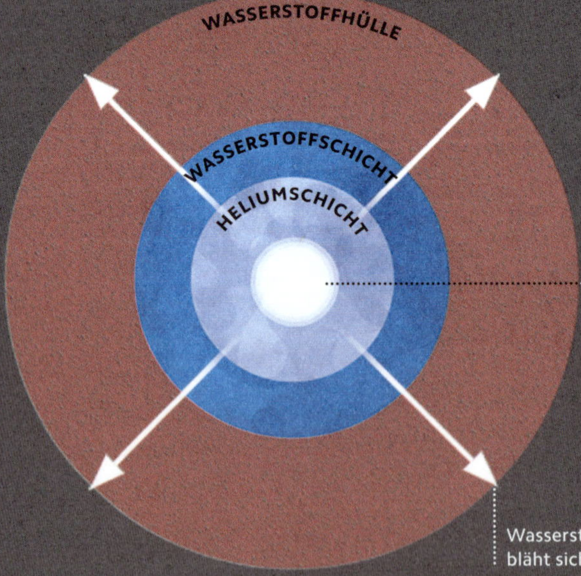

Strahlung wird emittiert
Der heiße Kern ist zu einem Weißen Zwerg geworden, der starken Sternwind und intensive ultraviolette (UV-) Strahlung aussendet. Diese erhitzt den angereicherten Wasserstoff.

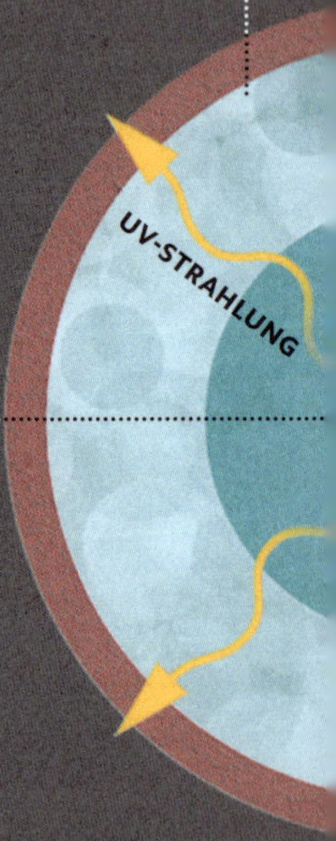

Dünne Hülle
Eine dünne Schicht, die vom Sternwind komprimiert und von Strahlung ionisiert wird, beginnt zu leuchten. Ihr äußerer Rand expandiert langsam weiter und fasert zu Tentakeln aus.

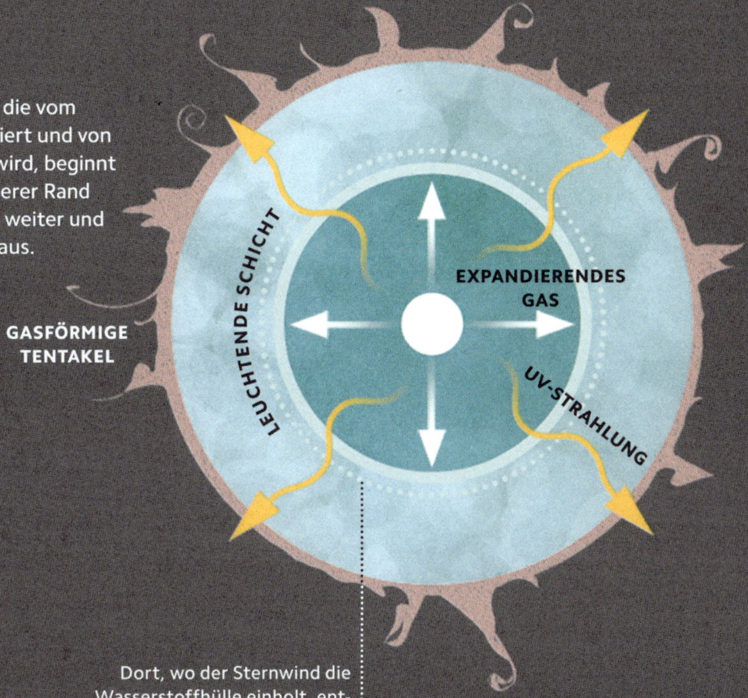

Dort, wo der Sternwind die Wasserstoffhülle einholt, entsteht eine Stoßwelle. In Regionen, die der Stoßwelle standhalten, bilden sich Klümpchen.

HÜLLEN UND STOSSWELLEN

Gegen Ende seines Lebens stößt ein Roter Riese Gas- und Staubschichten ins All ab. Diese Schichten aus Wasserstoffgas, angereichert mit anderen Elementen, die im Kern des Sterns produziert wurden, werden von der Strahlung aus dem heißen Kern erhitzt, durch Stoßwellen des Sternwinds aus geladenen Teilchen komprimiert und leuchten in bunten Farben. Sie werden als planetarische Nebel bezeichnet und sind relativ kurzlebig, da sie sich in wenigen tausend Jahren zerstreuen.

KERNFUSION ENDET

Wenn der Brennstoff für die Fusion ausgeht, reicht der Gasdruck aus dem Inneren nicht mehr aus, um die Schwerkraft auszugleichen.

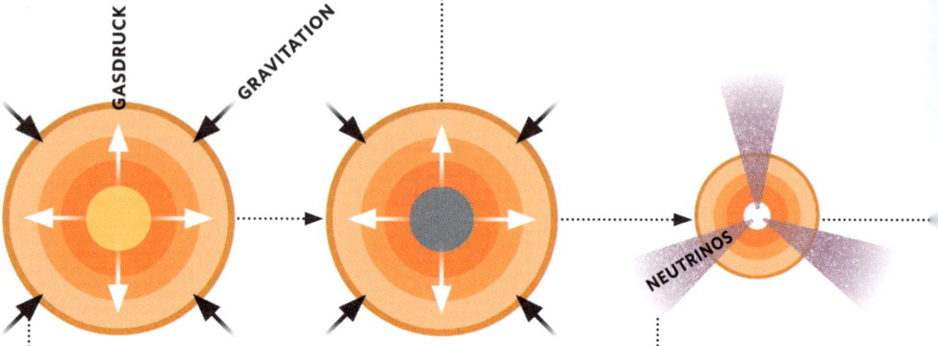

BRENNSTOFF GEHT ZUR NEIGE

Überriesen verschmelzen gegen Ende ihres Lebens in ihrem Kern schwere Elemente zu Eisen. Der nach außen gerichtete Druck heißer Gase gleicht den Zug der Schwerkraft aus.

DER KERN KOLLABIERT

Der Kern implodiert in Sekundenbruchteilen und löst eine gewaltige Druckwelle auf die äußeren Schichten aus. Beim Einsturz des Kerns wird ein Schwall von Neutrinos freigesetzt.

EXPLODIERENDE STERNE

Manche Sterne enden in einer Explosion mit sehr starker Leuchtkraft – einer Supernova. Supernovae ereignen sich, wenn der Kern eines massereichen Sterns nach dem Aufbrauchen des Brennstoffs rasch kollabiert oder wenn ein Weißer Zwerg Masse von einem Begleitstern aufnimmt oder mit einem anderen Weißen Zwerg verschmilzt. Kurz überstrahlt eine Supernova ihre ganze Galaxie, aber nach wenigen Monaten verblasst sie wieder.

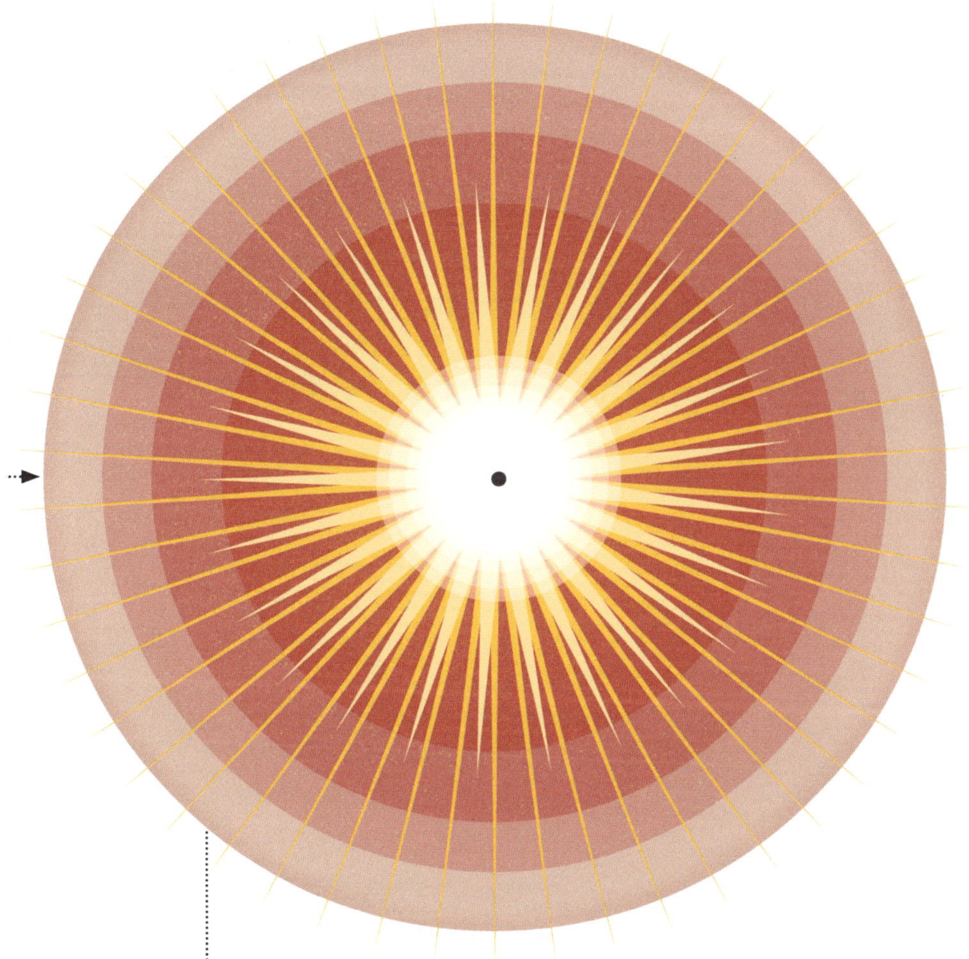

DER STERN EXPLODIERT

Die Druckwelle sprengt die äußeren Schichten des Sterns ab und sie breiten sich in Form einer extrem hellen Gaswolke aus. Dies ist eine Supernova vom Typ II. Der extrem dichte Kern bildet danach ein kompaktes Objekt.

Supernovae emittieren oft mehr Licht als einige Milliarden Sonnen und überstrahlen ganze Galaxien.

MAGNETFELD

STRAHLUNGS-PULS

Das starke Magnetfeld bewirkt, dass Jets elektromagnetischer Strahlung aus den Magnetpolen pulsieren.

VERDICHTETE STERNE

Bei der Explosion einer Supernova kollabiert der Kern des Sterns zu einem extrem heißen, extrem dichten Objekt. Wenn der Kern des Sterns zwischen 1,2 und 2,2 Sonnenmassen hat, wird er zu einem Neutronenstern mit einer Temperatur von rund 600 000 °C und einer Dichte, die etwa der von Atomkernen entspricht. Neutronensterne sind sehr klein – einige haben nur zehn Kilometer Durchmesser – und ihr Gravitationsfeld ist so stark, dass Elektronen und Protonen so sehr komprimiert werden, dass sie Neutronen bilden – daher auch der Name.

NEUTRONENSTERN

Die Kontraktion der großen Masse auf winzige Größe bewirkt eine schnelle Rotation (oft über 700-mal pro Sekunde). So erzeugen Neutronensterne ein Magnetfeld, das bis zu eine Million Mal stärker ist als das der Erde.

SCHNELLE ROTATION

Raum-Zeit-Krümmung

Da sich die Masse des Neutronensterns auf winzigen Raum verdichtet, ist seine Gravitation sehr stark. In der Raumzeit (siehe S. 26–27) erzeugt sie eine steile Krümmung, die man als Gravitationssenke bezeichnet.

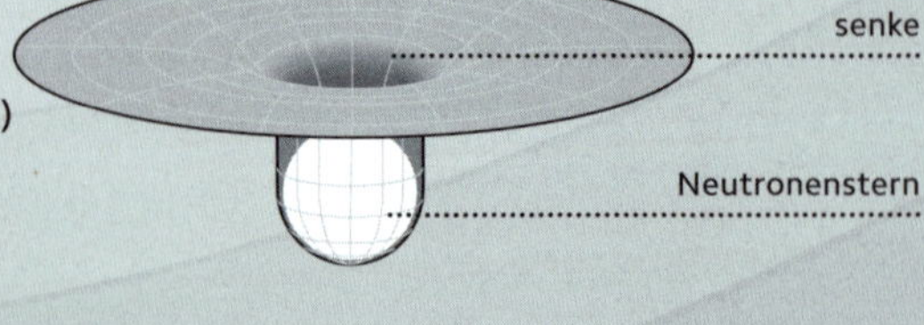

KOLLAPS INS UNENDLICHE

Hat der Überrest einer Supernova mehr als etwa drei Sonnenmassen, bildet er nach dem Kollaps ein stellares Schwarzes Loch. Schwarze Löcher sind unendlich klein und unendlich dicht. Ihrer starken Gravitation können weder Materie noch Licht entkommen. Supermassereiche Schwarze Löcher mit mehr als 100000 Sonnenmassen werden in den Zentren der meisten großen Galaxien vermutet. Sie spielen vielleicht eine Rolle bei der Entstehung von Galaxien.

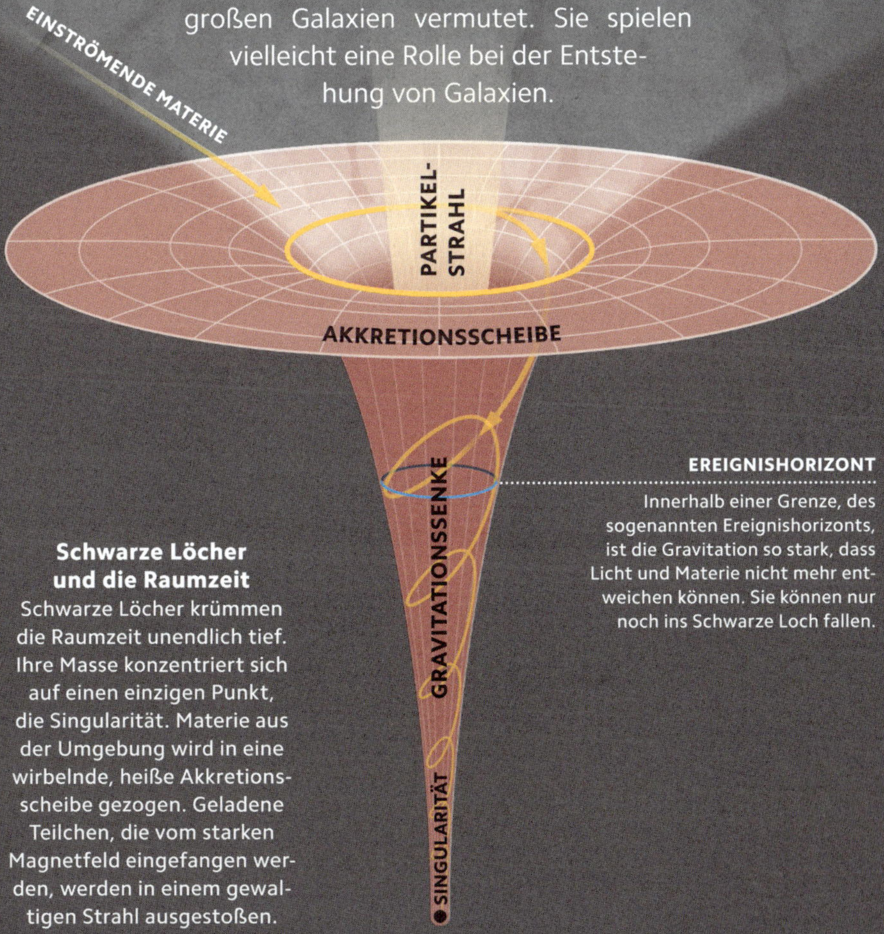

EREIGNISHORIZONT
Innerhalb einer Grenze, des sogenannten Ereignishorizonts, ist die Gravitation so stark, dass Licht und Materie nicht mehr entweichen können. Sie können nur noch ins Schwarze Loch fallen.

Schwarze Löcher und die Raumzeit
Schwarze Löcher krümmen die Raumzeit unendlich tief. Ihre Masse konzentriert sich auf einen einzigen Punkt, die Singularität. Materie aus der Umgebung wird in eine wirbelnde, heiße Akkretionsscheibe gezogen. Geladene Teilchen, die vom starken Magnetfeld eingefangen werden, werden in einem gewaltigen Strahl ausgestoßen.

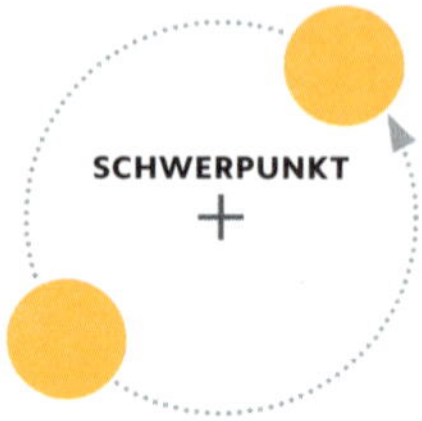

Gleiche Masse
In einem Doppelsternsystem mit einer Kreisbahn kreisen beide Sterne in gleichem Abstand um einen gemeinsamen Schwerpunkt.

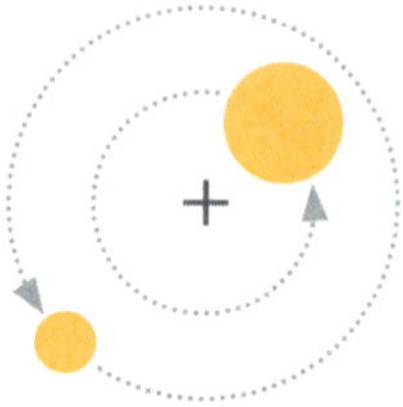

Ungleiche Masse
Hat einer der Sterne in einem Doppelsternsystem mehr Masse als der andere, kreist er auf einer Bahn, die dem Schwerpunkt näher ist.

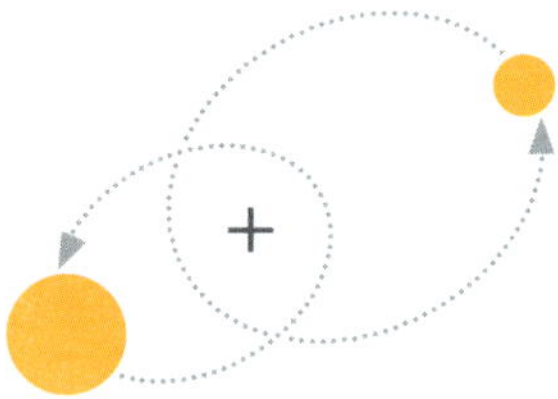

Bedeutende Massedifferenz
In den meisten Doppelsternsystemen kreisen die Sterne auf elliptischen Bahnen und der Schwerpunkt liegt im gemeinsamen Brennpunkt der beiden Ellipsen.

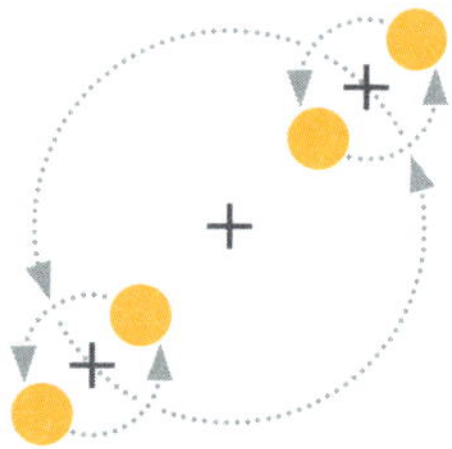

Vierfachsystem aus zwei Doppelsternen
Die Schwerpunkte beider Systeme kreisen um den gemeinsamen Schwerpunkt aller vier Sterne.

STERNE MIT BEGLEITERN

Es gibt sehr viele Systeme, in denen zwei oder mehr (bis zu sieben) Sterne durch Gravitation aneinander gebunden sind. Ein Paar wird als Doppelstern bezeichnet. Ist ein großer Stern einem kleinen Partner so nahe, dass er Material aus ihm anzieht, bezeichnet man die beiden als wechselwirkenden Doppelstern.

WECHSELNDE HELLIGKEIT

Bei sogenannten Veränderlichen Sternen ändert sich die Helligkeit in Zyklen, die von Sekundenbruchteilen bis hin zu mehreren Jahren dauern, oder auch in unvorhersehbaren Intervallen. Der Grund für die Veränderungen sind entweder physikalische Prozesse im Stern selbst (intrinsisch), die dazu führen, dass er mehr oder weniger stark leuchtet, oder äußere Faktoren wie ein Begleiter oder Planeten, die das Licht zeitweise blockieren (extrinsisch). Einen explodierenden Stern wie eine Nova oder Supernova bezeichnet man als Kataklysmischen Veränderlichen.

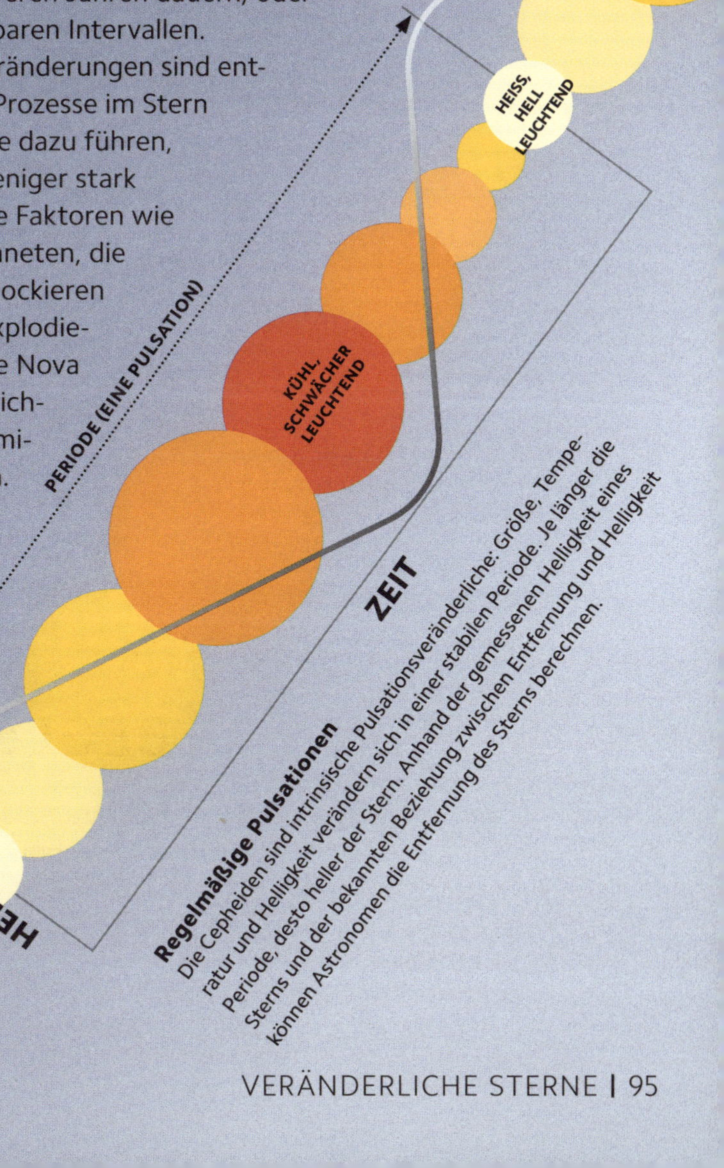

Regelmäßige Pulsationen
Die Cepheiden sind intrinsische Pulsationsveränderliche: Größe, Temperatur und Helligkeit verändern sich in einer stabilen Periode. Je länger die Periode, desto heller der Stern. Anhand der gemessenen Helligkeit eines Sterns und der bekannten Beziehung zwischen Entfernung und Helligkeit können Astronomen die Entfernung des Sterns berechnen.

STERNGESCHWISTER

Sterne, die gemeinsam entstehen, bleiben anfangs meist in offenen Sternhaufen zusammen. Es gibt offene und Kugelsternhaufen (siehe S. 97). Offene Sternhaufen sind lose Gruppierungen von Sternen, die in derselben Gas- und Staubwolke entstanden. Solche Gruppen bestehen oft aus einigen hundert, meist heißen, blauen Sternen, die weniger als eine Million Jahre alt sind. In der Spiralscheibe der Milchstraße (siehe S. 103) gibt es mehr als 2000 von ihnen.

Die Staubwolke um diesen Sternhaufen im Sternbild Stier ist ein Reflexionsnebel: Er leuchtet, weil er die Strahlung der Sterne reflektiert. Es ist aber nicht der Nebel, in dem die Sterne entstanden.

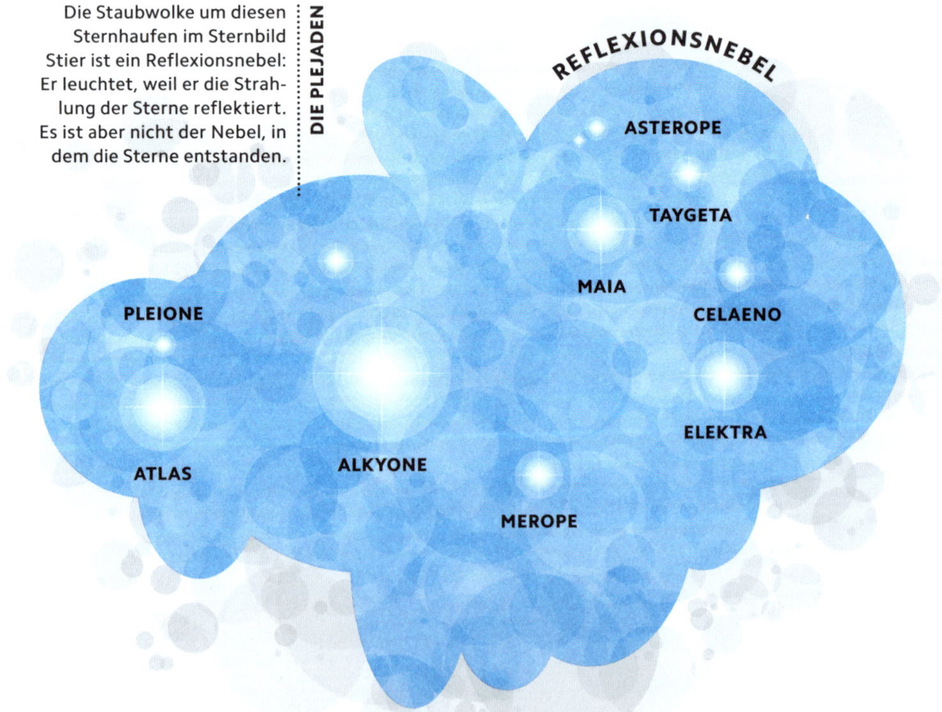

Aufbau eines offenen Sternhaufens
Offene Sternhaufen liegen häufig in der Nähe der Wolken, in denen die Sterne entstanden sind. Im Lauf von einigen Hundertmillionen Jahren bewegen sich die Sterne jedoch voneinander weg, so dass sich der Haufen zerstreut.

OMEGA CENTAURI

Das Alter der Sterne in Omega Centauri ist viel breiter gestreut als in den meisten Kugelsternhaufen. Das deutet darauf hin, dass es sich wohl um das Zentrum einer Zwerggalaxie handelt, die von der Milchstraße eingefangen wurde.

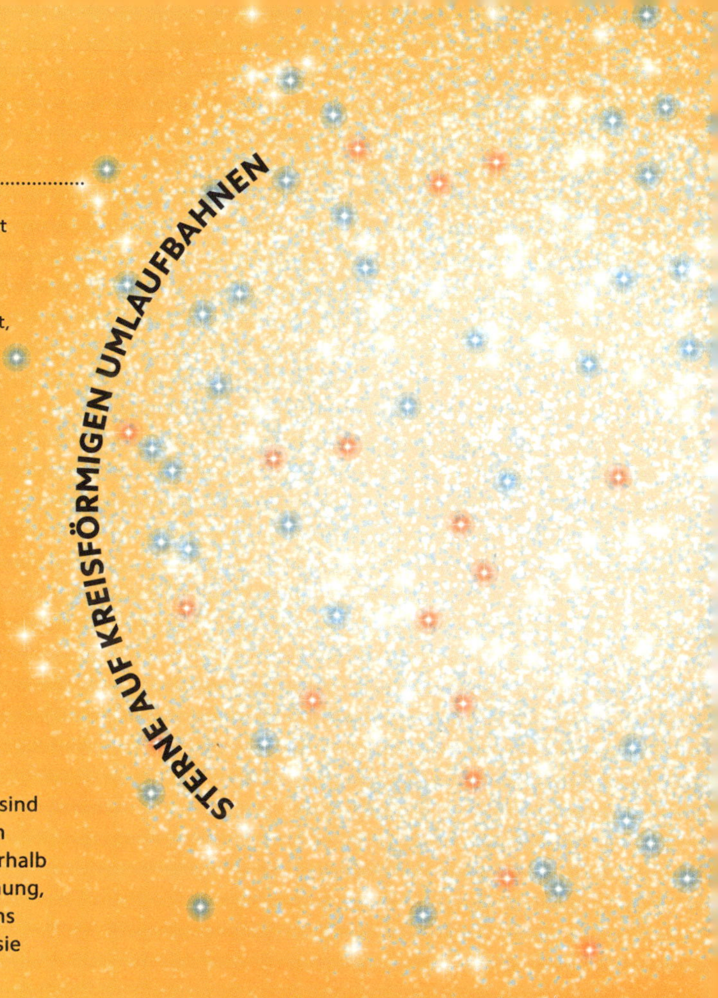

Aufbau eines Kugelsternhaufens

In einem Kugelsternhaufen sind die Sterne durch Gravitation aneinander gebunden. Innerhalb ihrer kugelförmigen Anordnung, die in der Nähe des Zentrums immer dichter wird, folgen sie komplizierten Bahnen.

STERNENSTÄDTE

Kugelsternhaufen umfassen weitaus mehr Sterne als offene Sternhaufen – oft mehrere Millionen – und die Sterne sind älter: meist um zehn Milliarden Jahre, also fast so alt wie das Universum selbst. Kugelsternhaufen bilden sich früh bei der Entstehung einer Galaxie, wohl schon vor der Scheibe. In ihnen entstehen keine neuen Sterne mehr, da das Material der ursprünglichen Gaswolke aufgebraucht ist. Die Milchstraße hat über 150 Kugelsternhaufen, fast alle außerhalb der Scheibe im Halo.

PLANETEN VON ANDEREN STERNEN

Bisher wurden bereits 4000 Planeten entdeckt, die um andere Sterne kreisen. Das deutet darauf hin, dass die Entstehung von Planeten nichts Ungewöhnliches ist. Unter den extrasolaren Planeten (Exoplaneten) gibt es alles zwischen Gasriesen, die doppelt so groß sind wie Jupiter, und kleinen Gesteinsplaneten wie Merkur. Da sie so weit weg sind, kann man sie selten direkt beobachten, aber man erkennt sie an ihrer Wirkung auf den Stern, um den sie kreisen, denn dieser schwankt ein wenig oder leuchtet periodisch etwas schwächer.

Neptunähnliche
Sie sind ähnlich groß wie Neptun oder Uranus und ihre Atmosphäre besteht hauptsächlich aus Wasserstoff und Helium. Ihr Kern ist aus Gestein.

Gasriesen
Die ersten entdeckten Exoplaneten waren Gasriesen wie Jupiter oder Saturn, weil sie die stärkste Gravitationswirkung auf ihren Stern haben.

Supererden
Planeten, die größer als die Erde und kleiner als Neptun sind, heißen Supererden, wenn sie aus Gestein bestehen, und Mini-Neptune, wenn sie vor allem aus Gas sind.

Terrestrische
Ein klassischer terrestrischer Planet ist so groß wie die Erde oder kleiner und besteht vor allem aus Gestein. Idealerweise hat er auch eine Atmosphäre oder sogar Ozeane.

Heißerer Stern
Wo die bewohnbare Zone eines Stern ist, hängt von seiner Temperatur ab. Wäre die Sonne heißer, läge die habitable Zone wohl jenseits der Erdumlaufbahn.

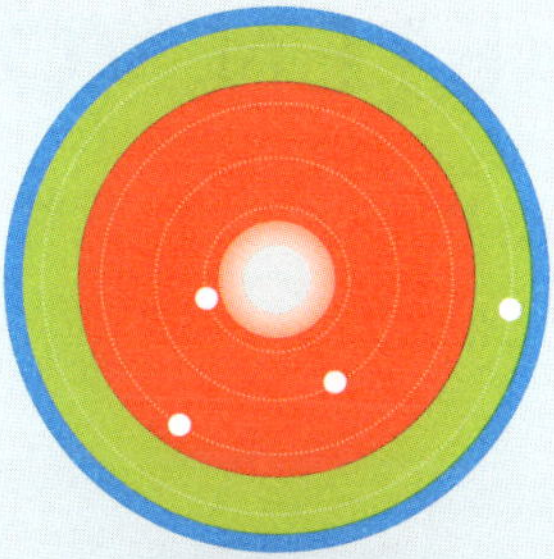

Sonnenähnlicher Stern
Die Umlaufbahn der Erde im Sonnensystem liegt genau in der habitablen Zone. Die Venus ist viel zu heiß, der Mars dagegen zu kalt.

Kühlerer Stern
Wäre die Sonne kühler, wären vielleicht Merkur und Venus bewohnbar, aber die Erde läge dann mit dem Mars in einem Bereich, der zu kalt für Leben ist.

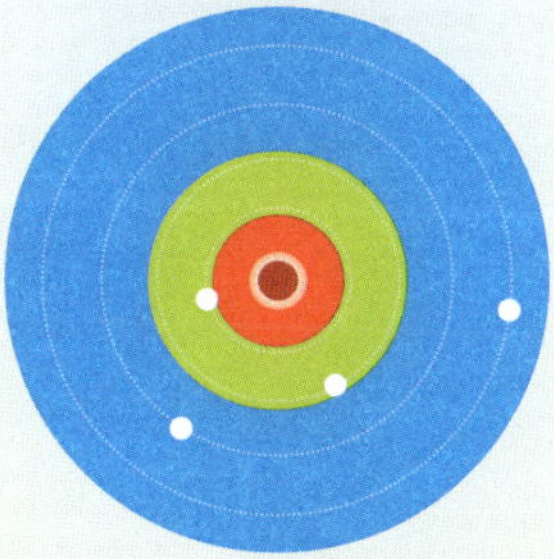

ORTE ZUM LEBEN

Derzeit wird nach einer zweiten Erde gesucht – einem Exoplaneten, auf dem Leben existieren kann. Ein solcher Planet müsste in der habitablen (bewohnbaren) Zone seines Sonnensystems kreisen, in der es warm genug für flüssiges Wasser ist, aber auch nicht so heiß, dass alles Wasser verdampft. Man untersucht die Atmosphäre der Planeten in dieser Zone jeweils auf bestimmte Gase und chemische Reaktionen, denn sie könnten Anzeichen für Leben sein.

ELLIPTISCHE GALAXIEN

Elliptische Galaxien haben weder eine Struktur noch besondere Merkmale und enthalten vor allem alte Sterne. Ihre Größe reicht von kleinen Zwerggalaxien bis hin zu riesigen Ausdehnungen.

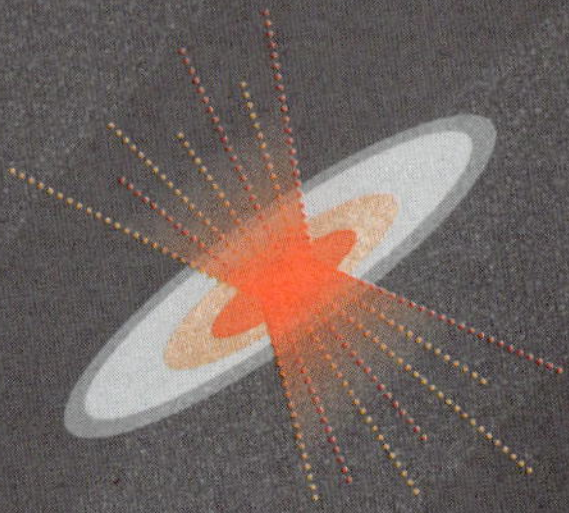

ZIGARREN-GALAXIE

IRREGULÄRE GALAXIEN

Die kleinsten Galaxien sind unregelmäßig geformt, aber auch größere können nach einer Kollision oder einem knappen Vorbeiflug an einer anderen Galaxie irregulär werden. Hier links sind drei Beispiele für irreguläre Galaxien zu sehen.

NGC 4449

GROSSE MAGELLANSCHE WOLKE

Galaxientypen

Galaxien werden nach ihrer Form in Gruppen eingeteilt, aber diese ändert sich oft im Lauf ihrer Entwicklung. Kleine Galaxien wachsen bei Kollisionen und Verschmelzungen, und wenn die Masse zunimmt und das Gravitationsfeld stärker wird, bildet sich eine neue Struktur heraus.

»Im beobachtbaren Universum gibt es mindestens so viele Galaxien wie Sterne in unserer Galaxie.«

Sir Martin Rees, Kosmologe

LINSENFÖRMIGE GALAXIEN

Ihr Name kommt daher, dass ihre Form einer Linse ähnelt. Manche von ihnen waren vielleicht einst Spiralgalaxien, haben aber inzwischen den Großteil ihres freien Gases und Staubs eingebüßt.

SPIRALGALAXIEN

Spiralgalaxien haben einen dichten Kern mit älteren Sternen, aus dem mehrere rotierende Arme aus Gas, Staub und neu entstandenen Sternen hervorgehen.

BALKENSPIRALGALAXIEN

In einer Balkenspiralgalaxie ist der zentrale Wulst in die Länge gezogen und aus seinen Enden entspringen zwei dominante Spiralarme.

STERNENINSELN

Galaxien sind riesige Ansammlungen von Sternen, Gas und Staub, die von der Gravitation zusammengehalten werden. Das Universum umfasst etwa zwei Billionen Galaxien, deren Größe zwischen wenigen tausend und mehr als 100 000 Lichtjahren Durchmesser liegt. Nur in Galaxien ist die Materie so dicht, dass Sterne entstehen können. Die kleinsten Galaxien enthalten einige Millionen Sterne, die größten dagegen viele Billionen, und alle rotieren um den Schwerpunkt der Galaxie.

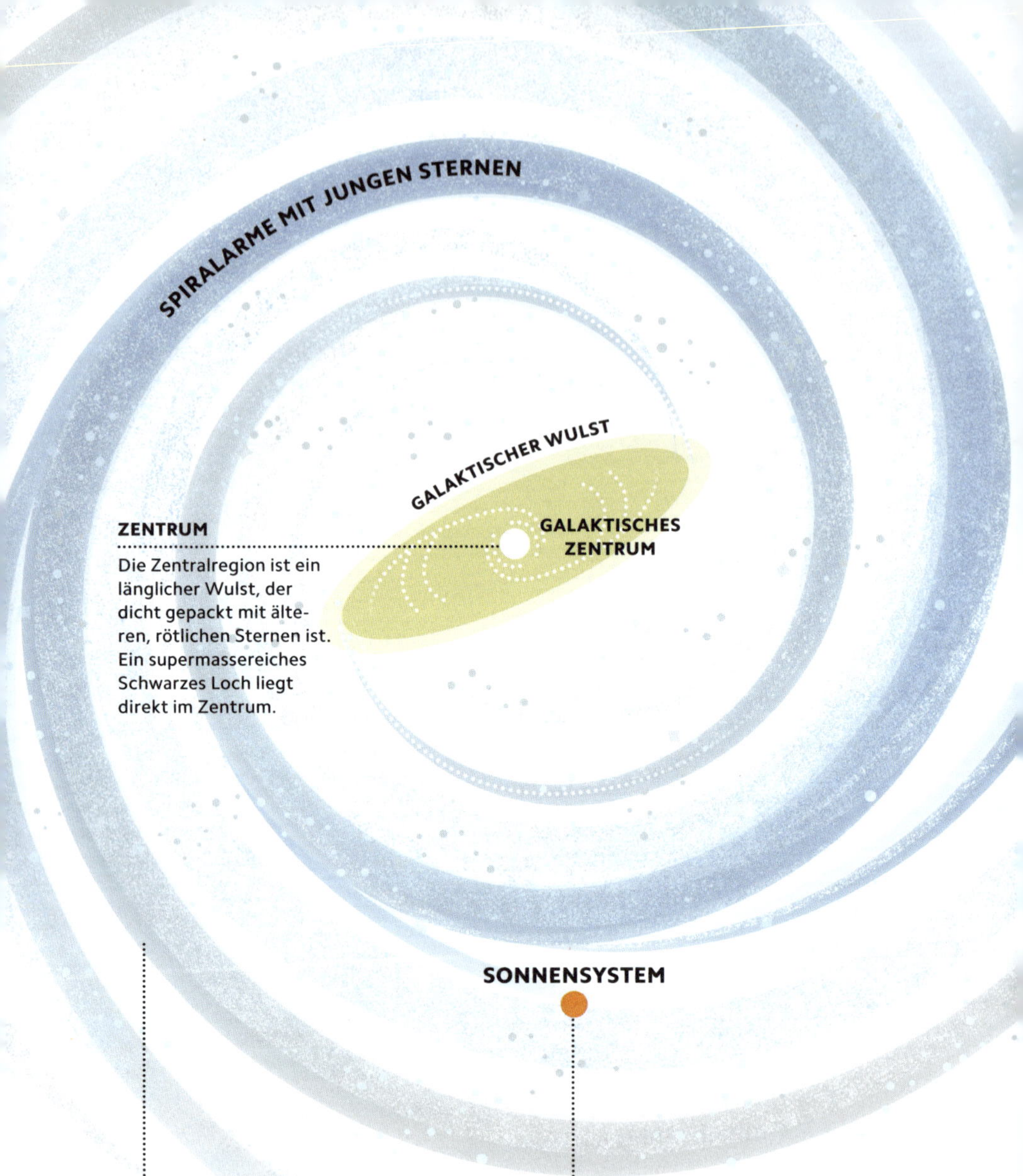

ZENTRUM

Die Zentralregion ist ein länglicher Wulst, der dicht gepackt mit älteren, rötlichen Sternen ist. Ein supermassereiches Schwarzes Loch liegt direkt im Zentrum.

SPIRALARM

In den Spiralarmen sammeln sich vor allem junge Sterne und Gas, durchzogen von dunklen Staubbändern. Sie sind aktive Orte der Sternentstehung.

DAS SONNENSYSTEM

Die Sonne und ihre Planeten liegen etwa 26000 Lichtjahre vom Zentrum der Milchstraße entfernt in einem kleinen Spiralarm namens Orion-Arm.

> »Die Milchstraße ist nichts anderes als eine Masse unzähliger Sterne, die in Gruppen zusammengepflanzt sind.«
>
> Galileo Galilei

UNSERE GALAXIE

Das milchige Sternenband, das wir am Nachthimmel sehen, ist unsere eigene Galaxie von innen betrachtet. Die Milchstraße ist eine Balkenspiralgalaxie (siehe S. 101) mit 100–400 Milliarden Sternen. Im Zentrum befindet sich ein länglicher Wulst aus alten, gelben und rötlichen Sternen. Daraus erstrecken sich mehrere Spiralarme, die eine dünne Scheibe aus hauptsächlich jungen, blauen Sternen bilden. Staub, Gas und Sterne kreisen, durch Gravitation gebunden, um den Schwerpunkt der Milchstraße.

Seitenansicht
Der zentrale Wulst (*Bulge*) der Milchstraße ist von einem kugelförmigen Halo aus alten Sternen umgeben. Viele liegen in einem der etwa 150 Kugelsternhaufen, die einige der ältesten Sterne der Milchstraße enthalten.

GALAKTISCHE SCHEIBE
Aus dem Wulst erstrecken sich Sterne, Gas und Staub. Die Dicke der Scheibe variiert und sie ist seit der Kollision mit einer kleineren Galaxie am Rand etwas gewölbt.

QUASAR

Wenn der Staubring zur Erde geneigt ist, sehen wir das helle Leuchten der Akkretionsscheibe, das die umliegende Galaxie überstrahlt.

BLAZAR

Wir sehen genau frontal auf den Radiojet und in den Galaxienkern, sodass die übrige Galaxie schwer zu erkennen ist.

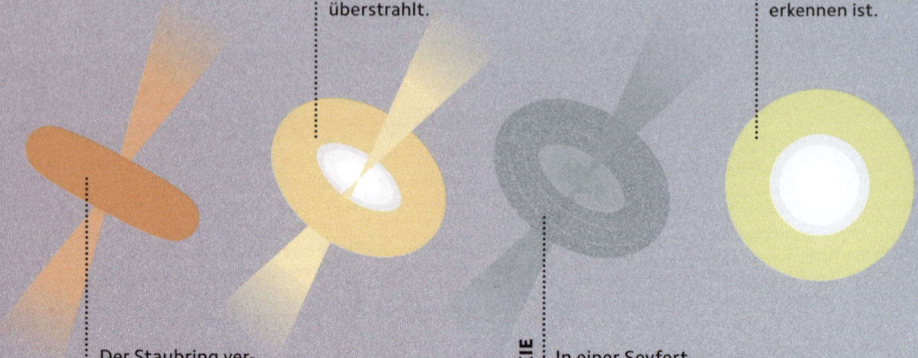

RADIOGALAXIE

Der Staubring verdeckt die helle Akkretionsscheibe, sodass wir von der Erde aus nur die Radiostrahlung der Jets beobachten können.

SEYFERT-GALAXIE

In einer Seyfert-Galaxie herrscht viel weniger Aktivität als in einem Quasar, sodass die umliegende Galaxie viel klarer zu erkennen ist.

EXTREME ENERGIE

Aktive Galaxien sind die hellsten langlebigen Objekte. Sie emittieren extrem viel Energie – mehr als man der Zahl der Sterne nach erwarten würde. Die Energiequelle ist ein aktiver Galaxienkern, in dem Materie in ein Schwarzes Loch fällt (siehe S. 93) und dabei zerrissen wird. Teile davon werden in einem Jet ausgestoßen. Es gibt mehrere Typen aktiver Galaxien, die sich vor allem durch den Winkel unterscheiden, in dem sie von der Erde aus sichtbar sind.

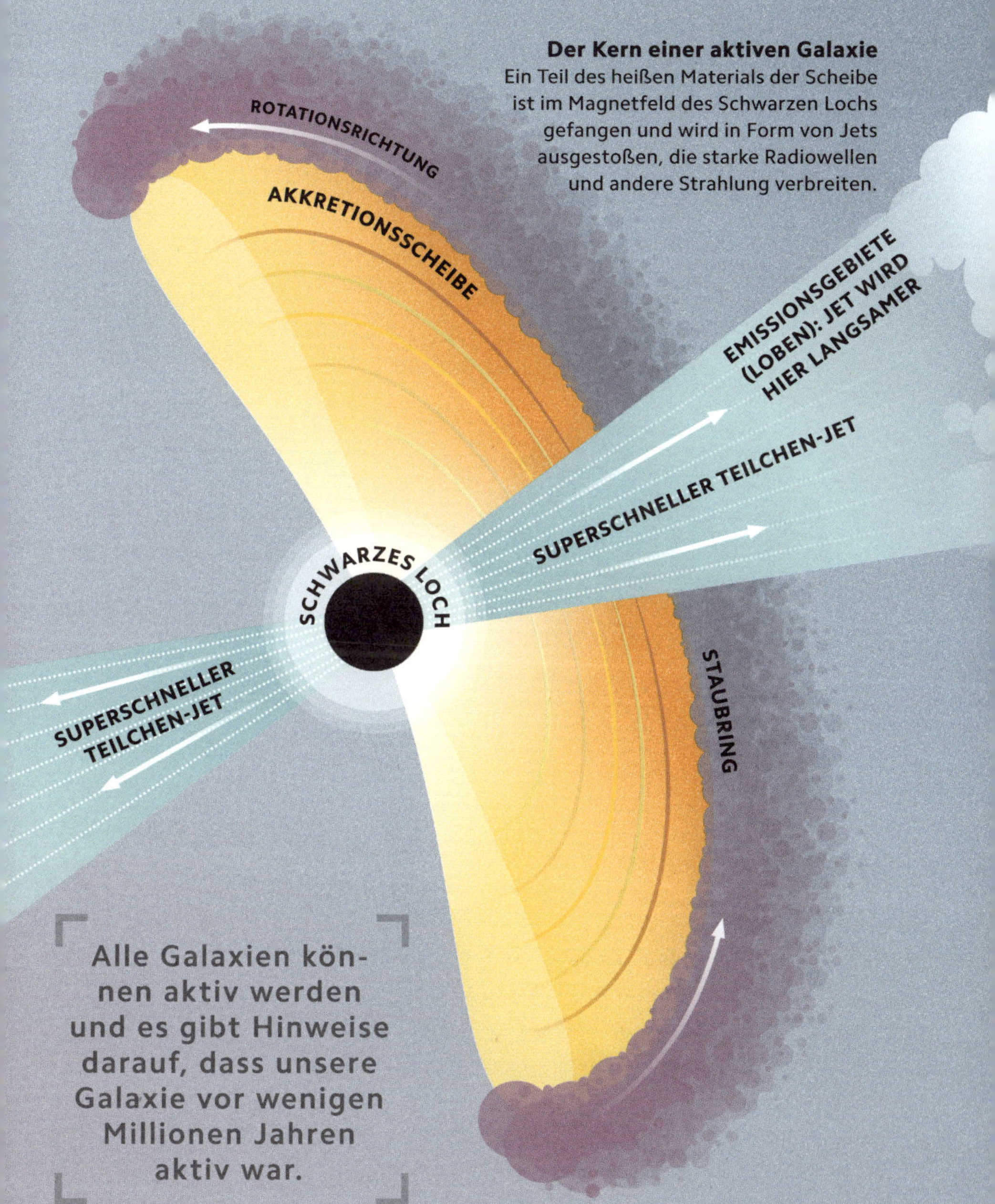

Der Kern einer aktiven Galaxie
Ein Teil des heißen Materials der Scheibe ist im Magnetfeld des Schwarzen Lochs gefangen und wird in Form von Jets ausgestoßen, die starke Radiowellen und andere Strahlung verbreiten.

Alle Galaxien können aktiv werden und es gibt Hinweise darauf, dass unsere Galaxie vor wenigen Millionen Jahren aktiv war.

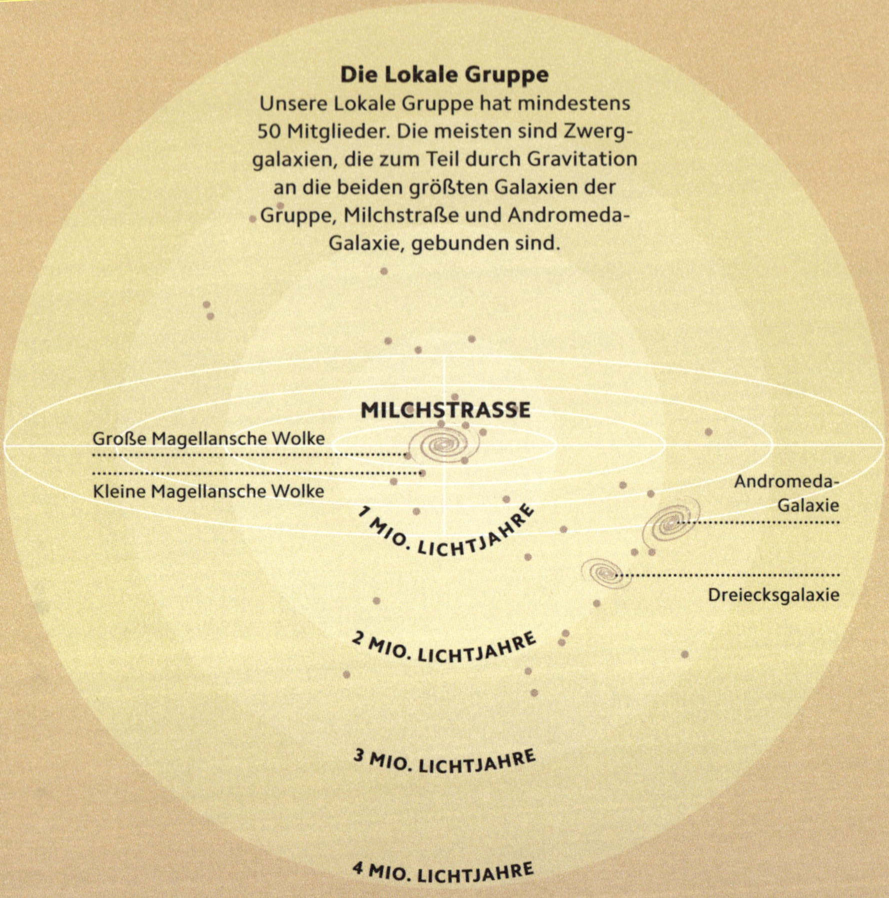

GALAXIEN BILDEN GRUPPEN

Die meisten Galaxien haben sich zu Haufen mit 5–15 Millionen Lichtjahren Durchmesser zusammengelagert, weil sie einander anziehen. Die Milchstraße gehört zu einem kleinen, relativ jungen Haufen: der Lokalen Gruppe. Im Lauf der Zeit kollidieren und verschmelzen die Galaxien in einem Haufen immer wieder, sodass am Ende aus der ursprünglichen Vielfalt riesige elliptische Galaxien hervorgehen. Solche großen elliptischen Galaxien findet man dicht gepackt im Zentrum der ältesten Galaxienhaufen.

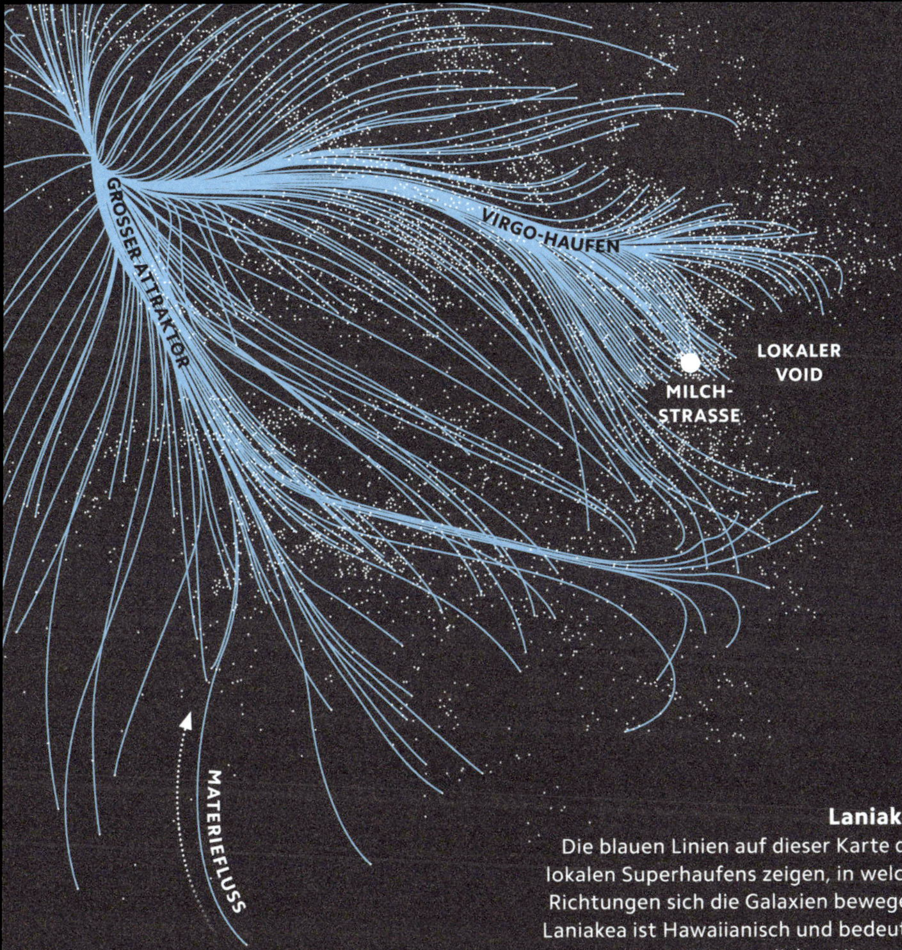

Laniakea
Die blauen Linien auf dieser Karte des lokalen Superhaufens zeigen, in welche Richtungen sich die Galaxien bewegen. Laniakea ist Hawaiianisch und bedeutet »unermesslicher Himmel«.

GRUPPEN VON HAUFEN

Galaxienhaufen bilden wiederum noch größere Superhaufen. Sie sind die größten Strukturen im Universum und ihre Entstehung wird letztlich auf Ungleichheiten in der Materiedichte in der Frühzeit des Universums zurückgeführt. Die Lokale Gruppe liegt, gemeinsam mit dem benachbarten Virgo-Haufen, am Rand des Laniakea-Superhaufens, der rund 100 000 Galaxien umfasst. Die Haufen innerhalb eines Superhaufens bewegen sich langsam zu lokalen Materiekonzentrationen hin – in unserem Fall auf die Region des Großen Attraktors zu.

IN MAKROSKOPISCHEN DIMENSIONEN

Wir erkennen zwar Strukturen vom Sonnensystem bis hin zu Galaxien-Superhaufen, aber wenn wir den Blick auf das Universum in noch größeren Maßstäben erweitern, sieht es in alle Richtungen gleich aus. Die Materie scheint gleichmäßig verteilt (Homogenität) und auch in allen Richtungen gleich zu sein (Isotropie). Man bezeichnet dies als das kosmologische Prinzip und daraus ergibt sich, dass die Gesetze der Physik überall und zu allen Zeiten in gleicher Weise gelten.

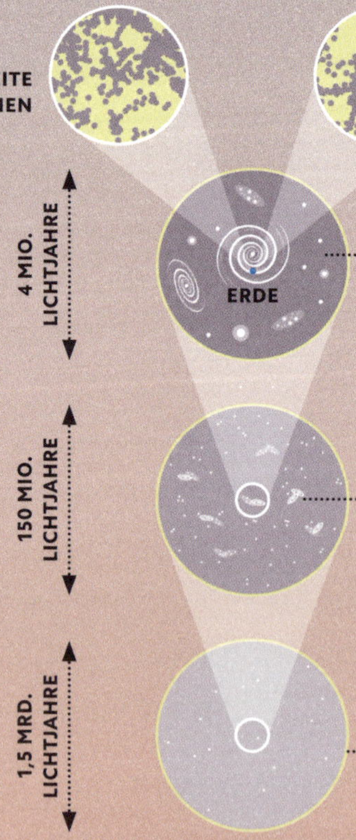

DIE LOKALE UMGEBUNG

In diesem Maßstab sind Strukturen wie Galaxien erkennbar. Blickt man aber von der Erde aus in weite Fernen, ist der Anblick in alle Richtungen gleich.

GALAXIENHAUFEN

Im mittleren Maßstab erkennt man die Gruppierung der Galaxien zu Haufen. Es sind also weiterhin Strukturen erkennbar.

10 PROZENT DES BEOBACHTBAREN UNIVERSUMS

In den größten Dimensionen besitzt das Universum keine erkennbare Struktur.

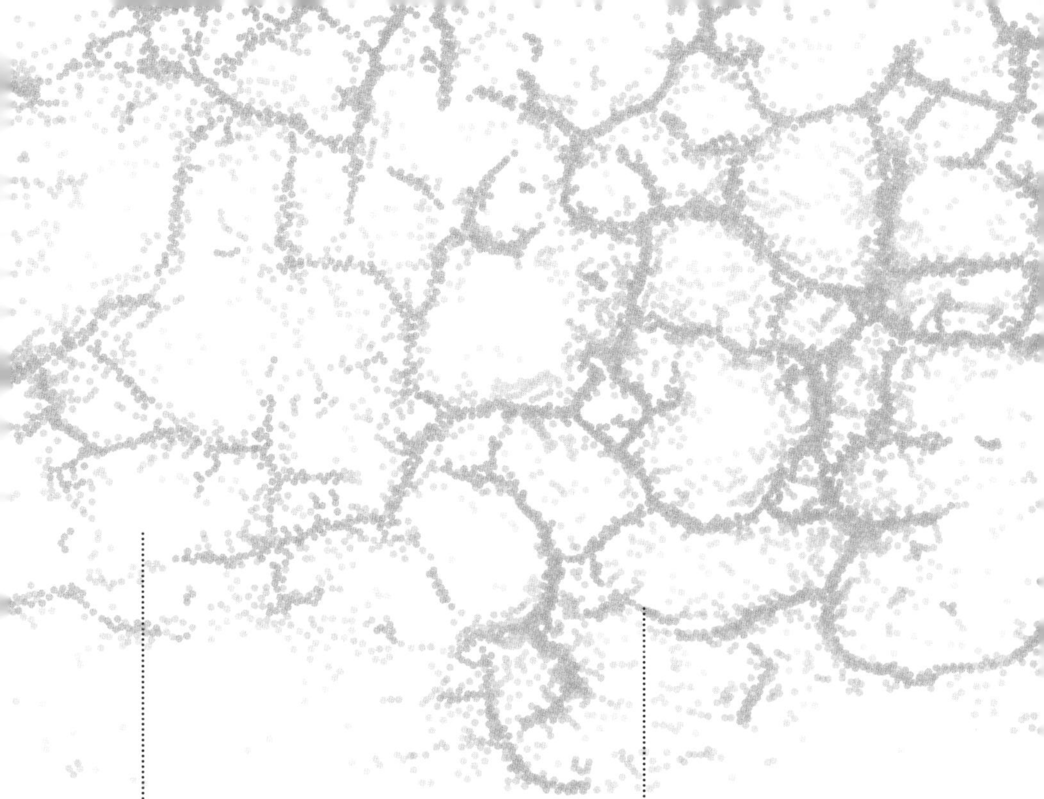

VOIDS

Im kosmischen Netz sind Voids die ausgedehnten, dunklen Leerräume, in denen so gut wie keine normale oder Dunkle Materie vorhanden ist.

FILAMENTE

Galaxien und ungeheuer große Wolken aus Wasserstoffgas bilden lange, dünne wand- oder netzähnliche Strukturen zwischen den Voids.

DAS KOSMISCHE NETZ

Das kosmologische Prinzip (siehe S. 108) legt nahe, dass alle Teile des Universums einst miteinander verbunden waren. Es stützt die Theorie, dass das Universum in einem Urknall entstand und seither expandiert. Die größten heute erkennbaren Strukturen rühren von Energiefluktuationen im frühen Universum her, die sich seither ausgedehnt haben, sodass Materiefilamente leere Voids umgeben. Das »kosmische Netz« hat eine Struktur wie Schaum und die meisten Galaxien befinden sich auf der Oberfläche der »Schaumblasen«.

DEN

NACHTH
BEOBAC

MMEL

HTEN

Die Objekte im Universum verteilen sich im dreidimensionalen Raum, aber von der Erde aus gesehen erscheinen sie als Lichtpunkte oder Flecken vor dem Hintergrund des Nachthimmels. Da sich die Erde um ihre Achse und um die Sonne dreht, sind die Sterne und anderen Objekte scheinbar in ständiger, kreisförmiger Bewegung. Die Planeten (»Wandelsterne«) zeigen dagegen zusätzlich noch eine Eigenbewegung an der Himmelssphäre. Mit dem richtigen Wissen und Beobachtungsort kann man schon mit bloßen Augen vieles sehen: den Mond, einige Planeten, Meteorschauer, Sterne und Sternbilder und sogar einzelne Galaxien. Ein Fernglas oder ein kleines Teleskop offenbaren zusätzlich zahlreiche Einzelheiten.

DER HIMMEL ALS KUGEL

Da sich die Erde um ihre Achse dreht, bewegen sich die Himmelsobjekte scheinbar ständig im Kreis. Da sie noch dazu so weit weg sind, lassen sich ihre Entfernungen von der Erde und relativ zueinander schwer ermitteln. Zu Beobachtungszwecken lässt sich hier leicht Abhilfe schaffen: Man stellt sich vor, dass die Objekte des Nachthimmels auf der Oberfläche eines riesigen Glasglobus liegen, in dem die Erde das Zentrum bildet, sodass sie alle denselben Abstand von ihr haben. Ein solcher Himmelsglobus hilft uns, die Positionen der Objekte zu bestimmen und uns am Nachthimmel zurechtzufinden. Die meisten der kreisförmigen Linien sind Projektionen der irdischen Längen- und Breitengrade.

FIXSTERNE

In diesem Modell liegen die Sterne auf der Oberfläche des Globus in gleichem Abstand zur Erde. Daher haben sie alle zueinander eine feste Position.

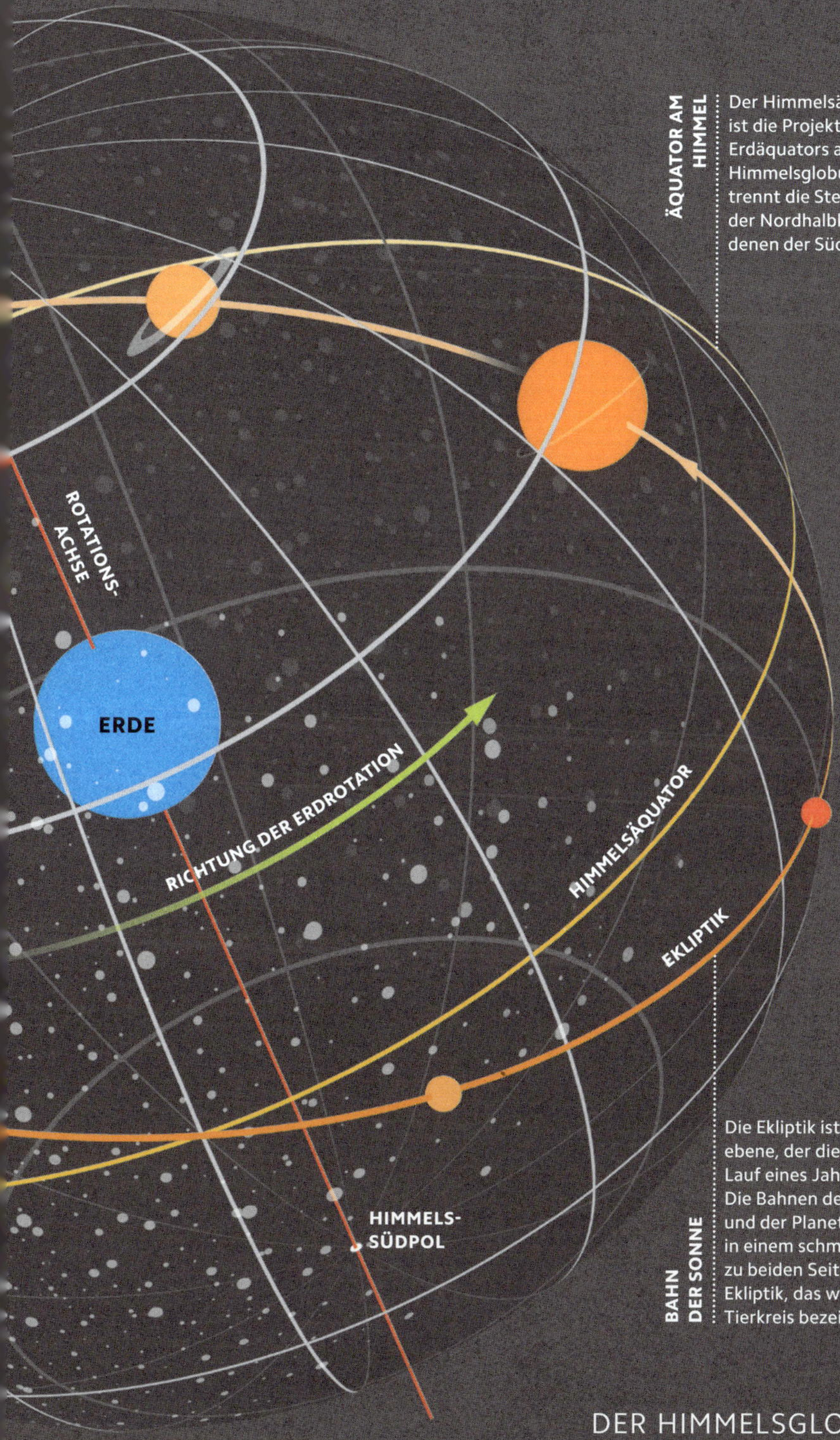

ÄQUATOR AM HIMMEL

Der Himmelsäquator ist die Projektion des Erdäquators auf den Himmelsglobus. Er trennt die Sternbilder der Nordhalbkugel von denen der Südhalbkugel.

BAHN DER SONNE

Die Ekliptik ist die Bahnebene, der die Sonne im Lauf eines Jahrs folgt. Die Bahnen des Monds und der Planeten liegen in einem schmalen Band zu beiden Seiten der Ekliptik, das wir als Tierkreis bezeichnen.

BEOBACHTUNGSZEITEN

Tagsüber überstrahlt das Licht der Sonne die Sterne, aber wenn die Sonne untergeht, erscheinen sie nach und nach. Sie bewegen sich über den Himmel und verblassen am Morgen wieder (siehe S. 115). Im Lauf einer Nacht wandert der sichtbare Teil des Himmelsglobus (siehe S. 112–113) weiter. Auch im Lauf des Jahres verändert sich der Anblick, da die Erde um die Sonne kreist: Im Dezember sind um 22 Uhr andere Sterne sichtbar als im Juni. In mittleren Breitengraden (wo die meisten Menschen leben) sieht man im Lauf eines Jahres die gesamte eigene Himmelshalbkugel und Teile der anderen.

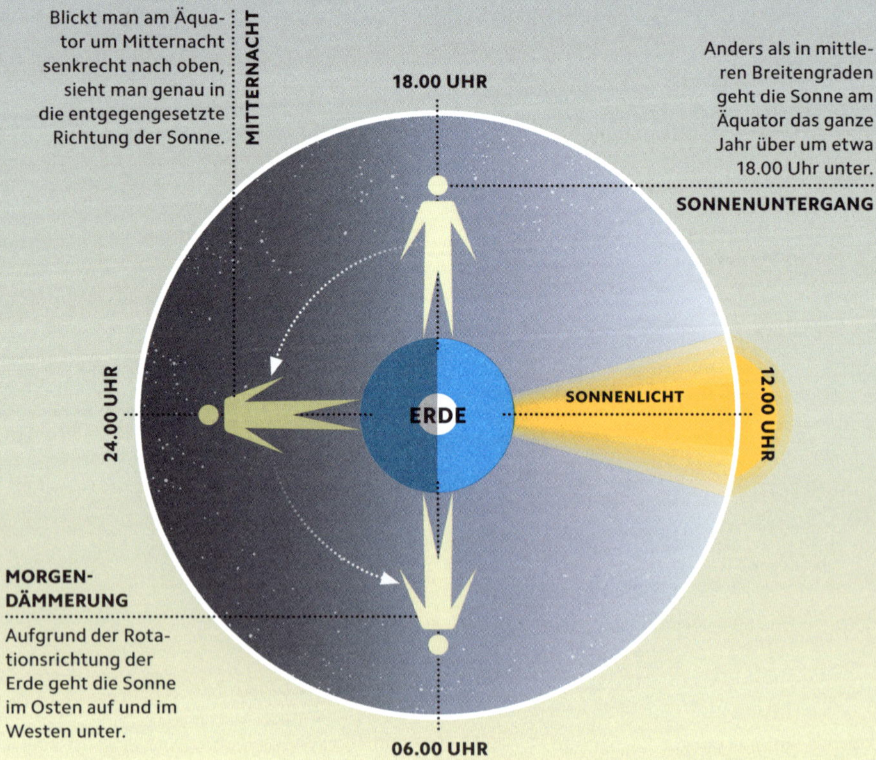

Beobachter am Nordpol
Am Nordpol ist es, als kreiste der Himmel in einem Karussell über dem Beobachter – die Sterne gehen weder auf noch unter, sie bewegen sich immer auf gleicher Höhe.

Beobachter in mittleren Breiten
Im Lauf einer Nacht gehen Sterne im Osten auf, wandern über den Himmel und verschwinden im Westen. Nur die zirkumpolaren Sterne bleiben immer sichtbar.

Beobachter am Äquator
Hier gehen die Sterne am östlichen Horizont auf, wandern vertikal über den Himmel und gehen dann ebenso senkrecht im Westen wieder unter.

BEOBACHTUNGSORTE

Je nachdem, wo sich ein Beobachter auf der Erde befindet, wirkt sich die Erddrehung anders aus. In mittleren Breiten beschreiben die Sterne einen Bogen am Himmel. Sie gehen im Osten auf und im Westen unter. Der Verlauf des Bogens hängt von der Halbkugel ab: Auf der Nordhalbkugel steigen viele Sterne bis zu einer maximalen Höhe über dem Südhorizont auf und dann wieder ab. Umgekehrt steigen auf der Südhalbkugel viele Sterne scheinbar am Nordhorizont auf, bis sie dort ihren höchsten Punkt erreichen und wieder absteigen.

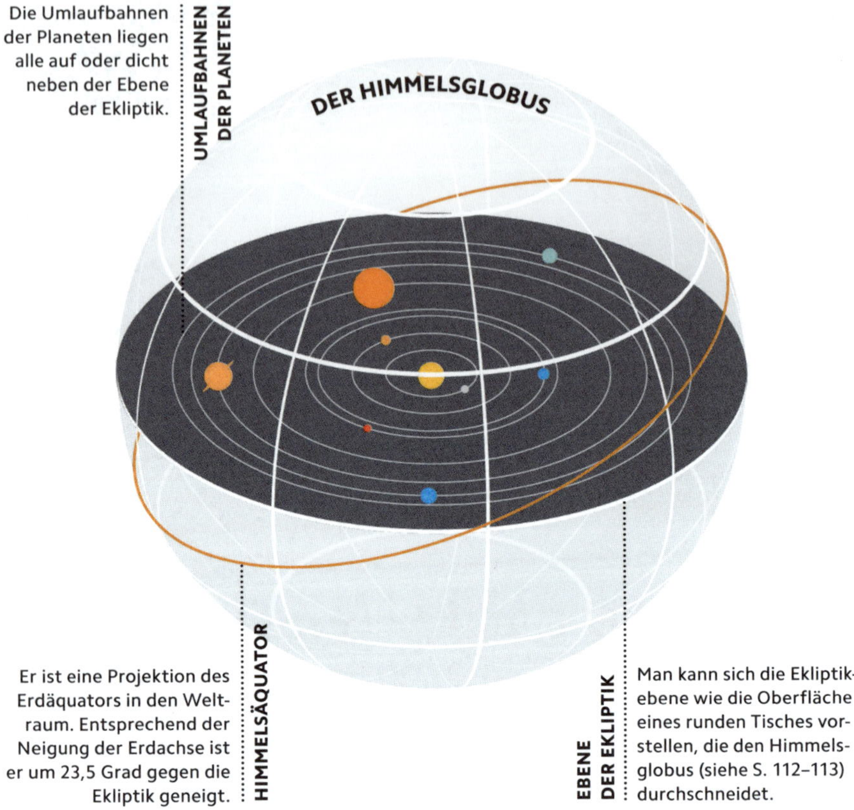

EBENE DER UMLAUFBAHNEN

Die Ebene der Erdumlaufbahn um die Sonne heißt Ekliptik. Alle Planeten und viele der Kleinkörper kreisen nahe dieser Ebene, denn sie alle entstanden aus derselben, riesigen Gaswolke, die bei der Bildung des Sonnensystems aufgrund ihrer Rotation eine flache Scheibe bildete. Am Himmel ist die Ekliptik die Bahn, die die Sonne beschreibt, und auf ihr findet man die Planeten. Auch der Mond weist uns den Weg zur Ekliptik, denn er bewegt sich immer in einem Bereich von 5 Grad um sie herum.

Innere Umlaufbahn
Die unteren Planeten sind am besten sichtbar, wenn sie sich von der Erde aus gesehen möglichst weit seitlich von der Sonne befinden.

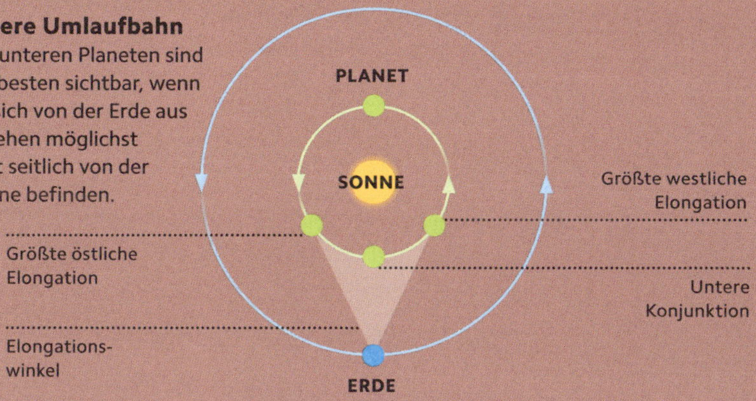

SICHTBARKEIT DER PLANETEN

Die Planeten sind nicht immer gleich gut zu sehen, da sie alle um die Sonne kreisen. Merkur und Venus werden als untere Planeten bezeichnet, weil sie der Sonne näher sind als die Erde. Sie sind in ihrem größten Winkelabstand zur Sonne am besten sichtbar. Alle anderen Planeten lassen sich am besten beobachten, wenn sie der Sonne direkt gegenüberstehen. Nicht sichtbar sind Planeten, wenn sie sich von der Erde aus gesehen hinter der Sonne befinden.

Äußere Umlaufbahn
Die oberen Planeten sind weiter von der Sonne entfernt als die Erde. Man sieht sie am besten, wenn sie sich in Opposition befinden, also wenn die Erde zwischen ihnen und der Sonne steht.

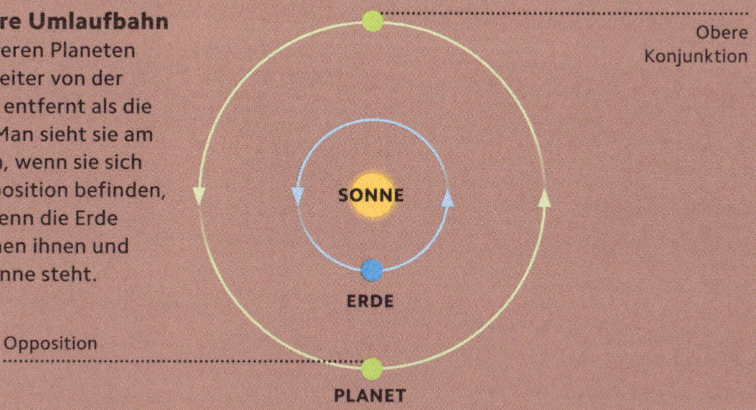

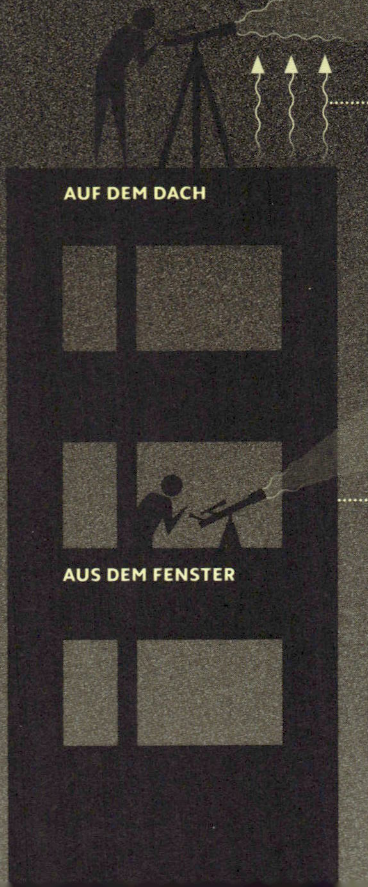

SCHLECHTE SICHT

Vom Betondach oder auch von der Straße aufsteigende Wärme bewirkt eine verschwommene Sicht.

VERZERRUNGEN

Auch das Fensterglas verzerrt die Lichtstrahlen und Wärmeströmungen im Zimmer verschlechtern die Sicht zusätzlich.

KLARE SICHT

Für eine gute Sicht sollte man einen geeigneten Ort auswählen. Dieser sollte am besten im Freien und weit weg von Gebäuden mit künstlichem Licht und warmen Luftströmungen liegen, die die Bilder verzerren. Ein Fernglas oder Teleskop mit Stativ sollte auf festem Boden stehen, der möglichst wenig vibriert. Die Augen brauchen bis zu eine halbe Stunde, um sich an die Dunkelheit anzupassen. Da es unter freiem Himmel oft kalt ist, braucht man auch warme Kleidung.

ZU HELLER HIMMEL

Mehr als die Hälfte aller Menschen leben in Stadtgebieten, wo sie wegen der Lichtverschmutzung kaum Sterne beobachten können: Je heller die Umgebung, desto weniger Sterne sieht man. Vor allem in Großstädten hat der Nachthimmel wegen der starken Beleuchtung und der Luftverschmutzung oft eine orange Farbe. Bei extremer Lichtverschmutzung sind häufig gar keine Sterne sichtbar. In Regionen ohne Lichtverschmutzung lassen sich dagegen vielfältige Himmelsobjekte in ihrer ganzen Schönheit beobachten.

Die Bortle-Skala
Die Bortle-Skala wurde 2001 herausgegeben. Sie klassifiziert Beobachtungsorte nach der dort herrschenden Dunkelheit von 1 – die dunkelsten Gegenden der Erde – bis 9 – die Orte mit der höchsten Lichtverschmutzung, z. B. Großstädte.

Acht von zehn Kindern, die heute in den USA geboren werden, können die Milchstraße nicht sehen.

HELLIGKEITS-VERGLEICH

In der Astronomie wird die Helligkeit in Größenklassen (Magnituden) angegeben. Die Magnitude eines Sterns, wie wir ihn sehen, ergibt sich aus seiner tatsächlichen Helligkeit und seiner Entfernung. Aus diesem Grund gibt es zwei unterschiedliche Einstufungen: die scheinbare Magnitude bezieht sich darauf, wie hell uns der Stern hier auf der Erde vorkommt, und die absolute Magnitude gibt an, wie hell er tatsächlich aus einer festgelegten Entfernung leuchten würde. Für beide Skalen gilt: Je kleiner die Zahl, desto heller leuchtet das Objekt, und umgekehrt. Trotz des Namens »Größenklasse« hat die Magnitude aber nichts mit der Größe des Sterns zu tun.

Die scheinbare Helligkeit
Die hellsten Sterne haben negative Magnitudenwerte. Jede Stufe auf der Skala bedeutet eine Zu- oder Abnahme der Helligkeit um den Faktor 2,5. Die hier gezeigte Magnitudenskala beinhaltet zum Vergleich auch die Venus, die häufig heller strahlt als jeder Stern.

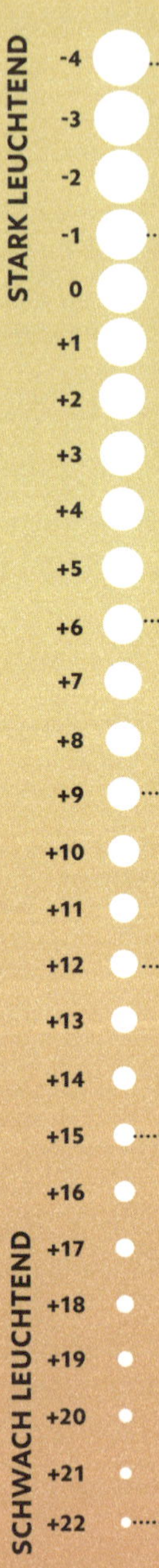

VENUS
Venus ist oft der hellste aller Planeten am Nachthimmel.

SIRIUS
Sirius ist der hellste Stern am Nachthimmel mit der Magnitude -1,47.

MIT BLOSSEN AUGEN
Hier sind die schwächsten Sterne, die noch mit bloßem Auge sichtbar sind.

FERNGLAS
Mit einem kleinen Fernglas sieht man Objekte bis zu dieser Größenklasse.

KLEINES TELESKOP
So schwache Sterne sind an dunklen Orten noch erkennbar.

GROSSES TELESKOP
Auf dieser Stufe stehen Pluto und schwach leuchtende Galaxien, die nur mit großen Teleskopen beobachtbar sind.

Lange Belichtungszeiten an großen Teleskopen machen die schwächsten Himmelsobjekte sichtbar.
HIMMELSFOTOGRAFIE

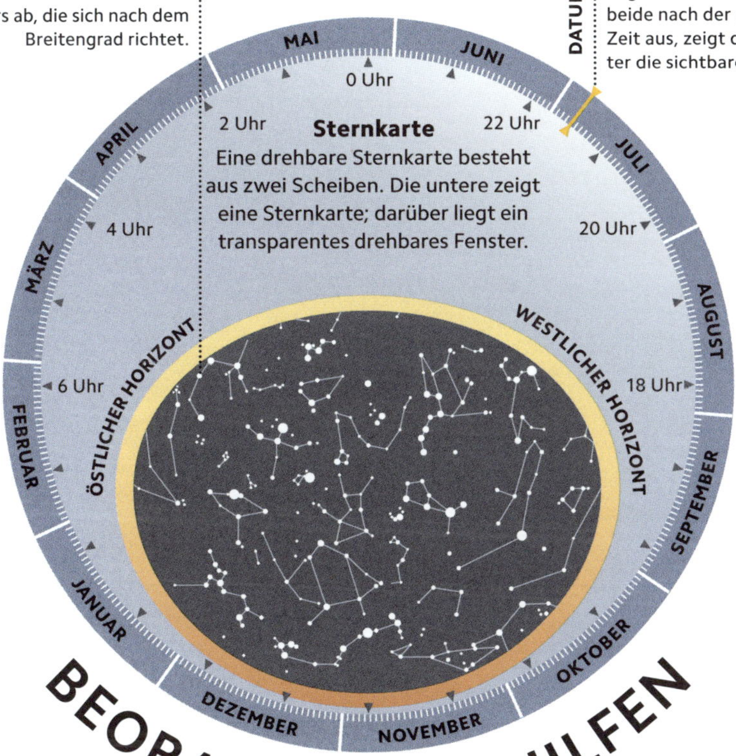

BEOBACHTUNGSHILFEN

Schon seit Jahrtausenden zeichnen Beobachter des Nachthimmels Sternkarten für verschiedene Zwecke – oft, um die Jahreszeiten zu bestimmen, aber auch als Grundlage für Sagen und Legenden. Damals wie heute sind die Punkte für helle Sterne größer gezeichnet als für schwache Sterne. So erkennt man zwar leicht die Unterschiede in der Helligkeit, aber keine echten Größenunterschiede, denn alle Sterne erscheinen am Nachthimmel als relativ gleich große Lichtpunkte.

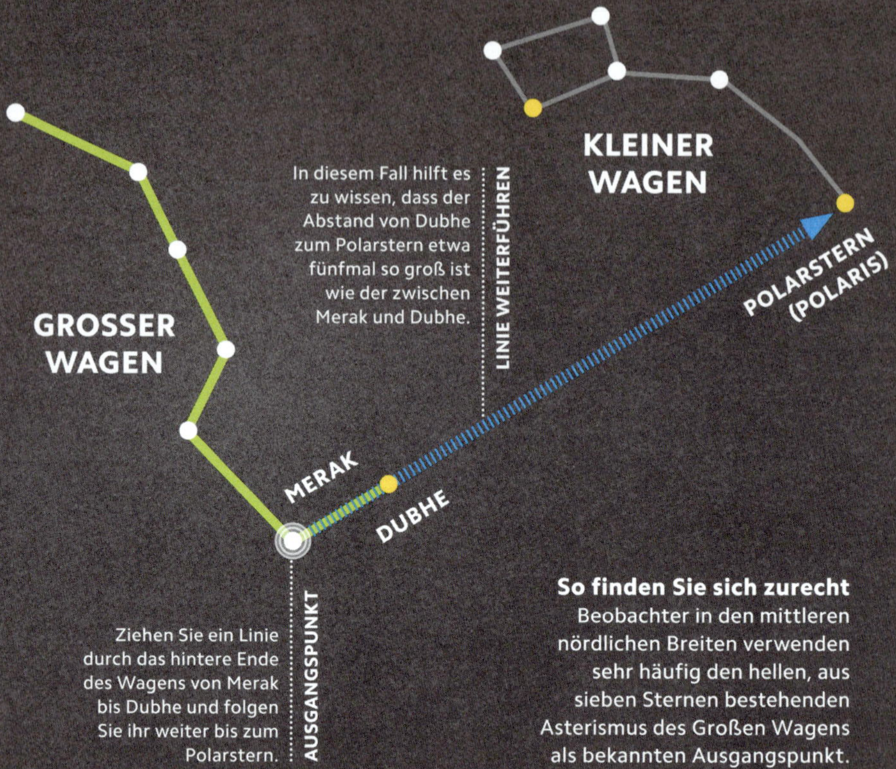

So finden Sie sich zurecht
Beobachter in den mittleren nördlichen Breiten verwenden sehr häufig den hellen, aus sieben Sternen bestehenden Asterismus des Großen Wagens als bekannten Ausgangspunkt.

PUNKTE VERBINDEN

Anfangs erscheint es vielleicht schwierig, sich in dem weitläufigen Netz der Sternbilder zurechtzufinden, aber das sogenannte Starhopping ist eine Methode, die sehr gut funktioniert. Dabei dienen auffällige Sterne als Orientierungspunkte, anhand derer man andere Sterne in benachbarten Sternbildern auffinden kann. Man verbindet einfach bestimmte Sterne und führt die Linien fort zu weiteren Sternen in nahe gelegenen Konstellationen.

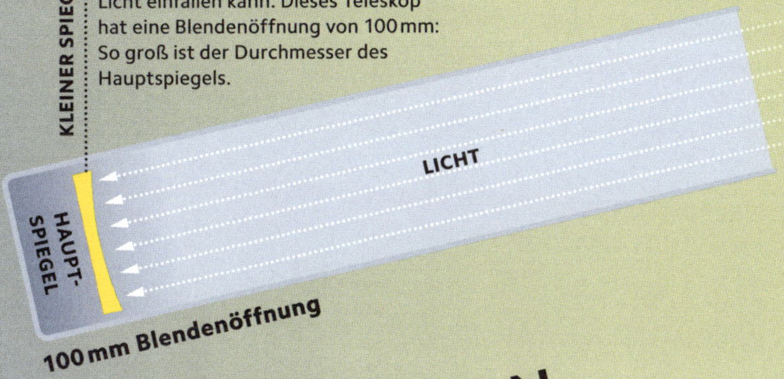

LICHT SAMMELN

Mit Teleskopen und Ferngläsern erkennt man weit entfernte Objekte besser, weil ihre Objektivdurchmesser größer als die Pupille des menschlichen Auges sind und daher mehr Licht sammeln können. Teleskope werden in der Regel nach ihrer Blendenöffnung eingeteilt, also nach dem Durchmesser des Hauptspiegels oder der Objektivlinse (siehe S. 124–127). Durch das Okular erblickt man dann eine Vergrößerung des Bildes auf dem Hauptspiegel oder der Linse. Die Vergrößerungsstufe lässt sich durch Wahl des Okulars einstellen.

Dachkantprisma
Es gibt zwei wichtige Bauarten für Ferngläser: Dachkantprismen sind leichter und kompakter, aber aufgrund des verwinkelten Lichtwegs ist das Sichtfeld schmaler und die Bilder sind weniger hell.

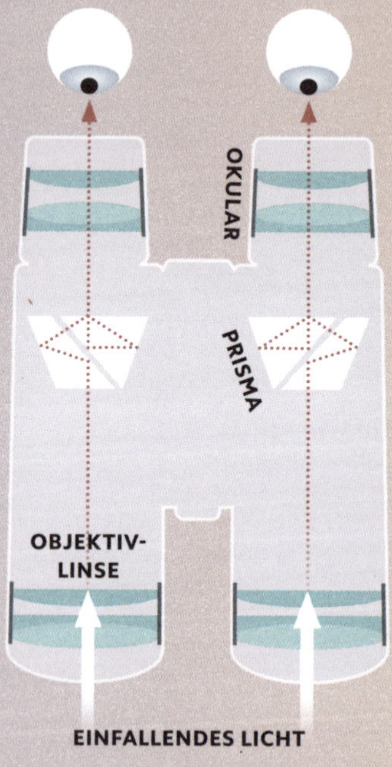

Porroprisma
Ferngläser mit diesen klassischen Umkehrprismen sind schwerer und größer als die mit Dachkantprismen. Dafür ist das Sichtfeld breiter und die Bilder erscheinen wesentlich klarer.

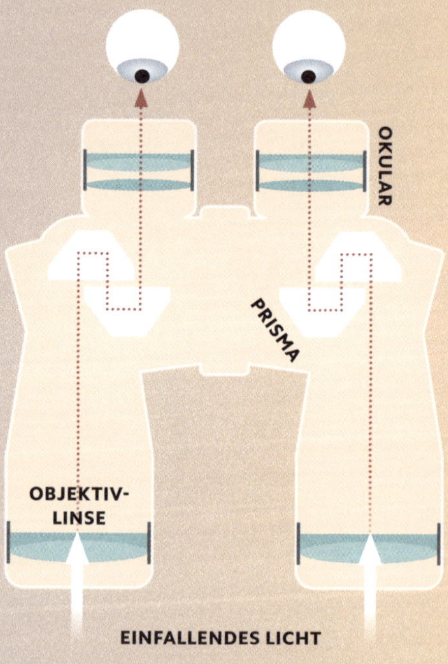

DAS RICHTIGE FERNGLAS

Durch ein Fernglas sieht man viele Objekte am Nachthimmel viel besser. Für astronomische Beobachtungen sollte man bei der Auswahl daran denken, dass größere Linsen mehr Licht einfallen lassen. Allerdings sind große Ferngläser auch meist schwer, sodass die Arme rasch ermüden. Anfänger entscheiden sich oft für ein 10×50-Fernglas mit 10-facher Vergrößerung und Objektivlinsen mit 50 mm Durchmesser.

DIE RICHTIGE FOKUSSIERUNG

Mit einem Fernglas sollte man eine bequeme Position finden, denn sonst schmerzen mit der Zeit Genick und Arme. Wenn man die Ellbogen aufstützt, im Liegestuhl sitzt oder ein Stativ verwendet, geht es meist besser. Mit dem Fokussierrad und dem Dioptrienausgleichsrad lässt sich das Fernglas scharf stellen. Das Fokussierrad passt den Brennpunkt für beide Augen an und der Dioptrienausgleich korrigiert zusätzlich Unterschiede in der Sehkraft zwischen den beiden Augen.

DIOPTRIEN-AUSGLEICH
Mit diesem Ring an einem Okular lassen sich Fokussierungsunterschiede zwischen den Augen ausgleichen.

FOKUSSIERRAD
Sobald die Schärfe mit Fokussierrad und Dioptrienausgleich einmal eingestellt ist, müssen Sie in Zukunft nur noch an diesem Rad drehen, um klare Sicht auf die Himmelsobjekte zu erhalten.

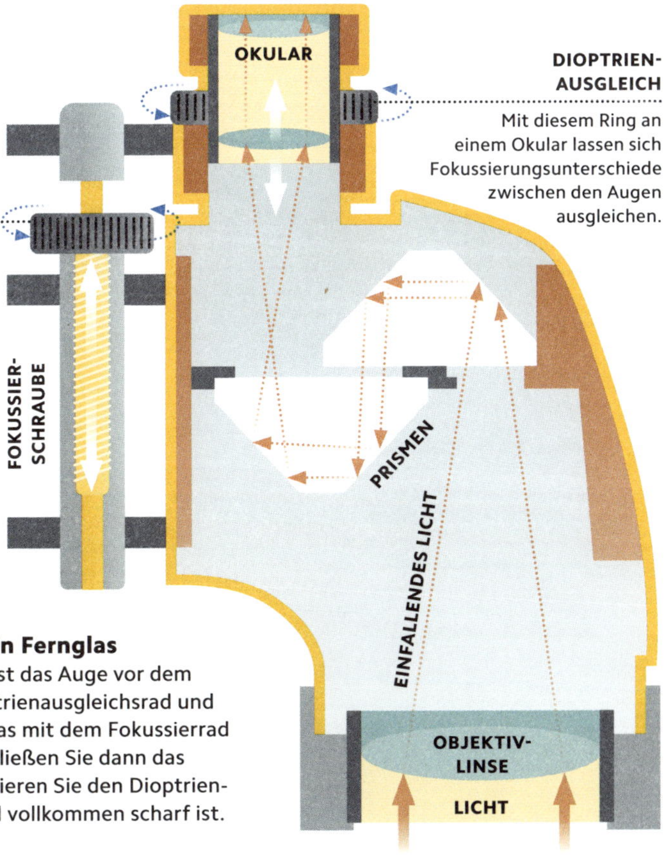

So benutzt man ein Fernglas
Schließen Sie zunächst das Auge vor dem Okular mit dem Dioptrienausgleichsrad und stellen Sie das Fernglas mit dem Fokussierrad möglichst scharf. Schließen Sie dann das andere Auge und justieren Sie den Dioptrienausgleich, bis das Bild vollkommen scharf ist.

Spiegelteleskope
Ein konkav gebogener Primärspiegel sammelt das einfallende Licht und lenkt es zum Brennpunkt. In einem Newton-Teleskop leitet der flache Sekundärspiegel den Lichtstrahl seitwärts zum Okular, in dem das im Brennpunkt liegende Objekt zu sehen ist.

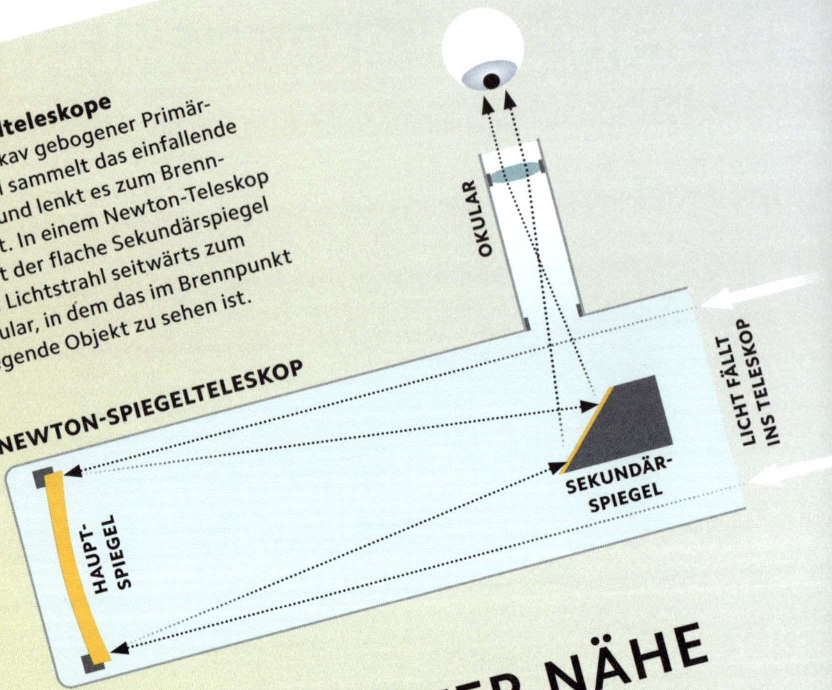

AUS NÄCHSTER NÄHE

Wer noch mehr Einzelheiten erkennen möchte – die Mondkrater, die Saturnringe, Doppelsterne, Staubwolken oder entfernte Galaxien – braucht ein Teleskop. Aufgrund seiner Größe sammelt es viel mehr Licht als das Auge. Es gibt Linsen- und Spiegelteleskope. Erstere wurden bereits im frühen 17. Jahrhundert erfunden, Letztere folgten etwa 50 Jahre später. Heute haben wir zusätzlich Spiegellinsenobjektive oder katadioptrische Systeme, die beides kombinieren.

Linsenteleskope

Das Licht wird an einem Ende des Teleskoprohrs von der Objektivlinse gesammelt und zu einem Brennpunkt am Ende des Rohrs gelenkt. Die Okularlinse vergrößert dann das Bild.

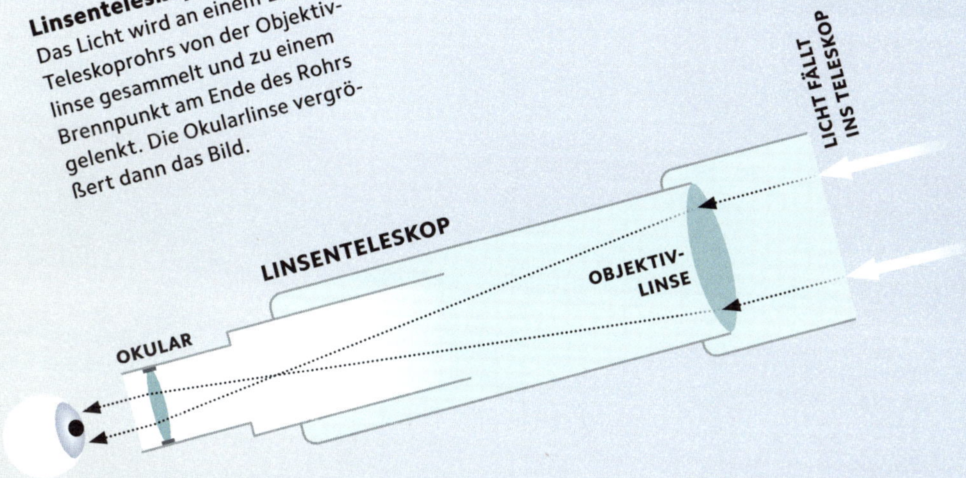

Katadioptrisches System

Dieses Hybriddesign ist kompakter als die beiden ursprünglichen Teleskoparten. Das Licht fällt durch die Korrekturlinse ein. Es wird vom primären und sekundären Spiegel reflektiert und gelangt durch ein Loch im Primärspiegel ins Okular.

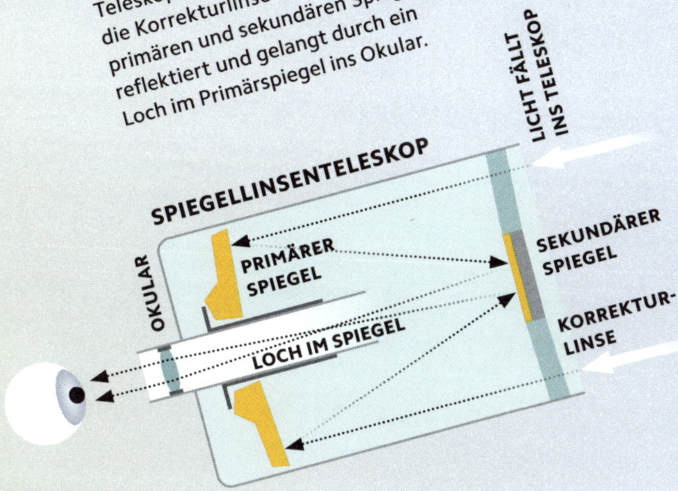

DIE
STERNB

ILDER

Das menschliche Gehirn sucht überall nach Mustern. Anfangs erfanden Menschen Sternbilder, um sich zu orientieren, die Zeit zu bestimmen oder Geschichten zu erzählen. Heute verwenden die Astronomen ein einheitliches System, in dem die Sternbilder Gebiete am Himmel markieren, die lückenlos aneinander anschließen, wie auf einer Landkarte. Obwohl die Sternbilder also heute anderen Zwecken dienen als früher, tragen viele weiterhin ihre alten Namen und auch die alten Muster werden noch in die Sternkarten eingezeichnet. Anhand der Sternbilder wird der Himmel in gut erkennbare Abschnitte eingeteilt, in denen die Sterne und andere Himmelsobjekte leicht auffindbar sind.

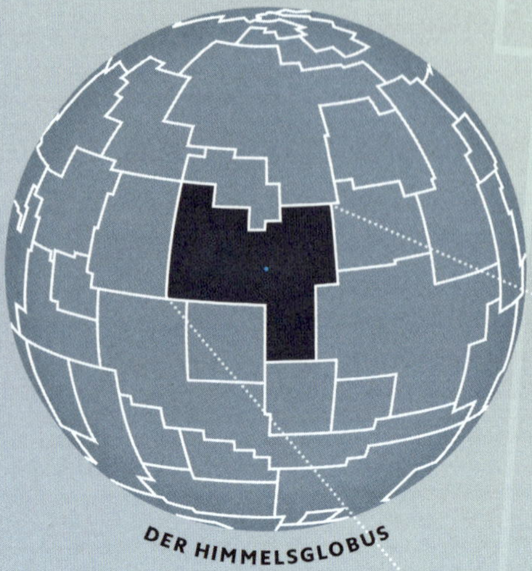

Teile einer Kugel
Die 88 Sternbilder werden von horizontalen und vertikalen Grenzlinien eingefasst, die wie die Teile eines 3-D-Puzzles zusammen die Oberfläche des Himmelsglobus ergeben (siehe S. 112–113).

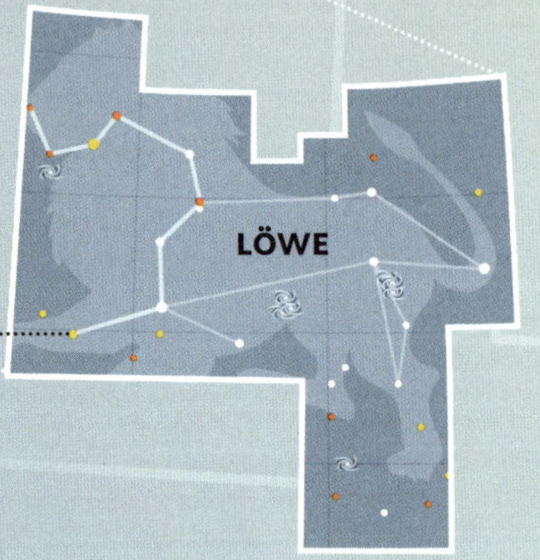

LÖWE AM NACHTHIMMEL

Das Sternbild Löwe stellt einen liegenden Löwen dar, den der griechische Sagenheld Herkules getötet hat.

HIMMELSKARTOGRAFIE

Ein Sternbild oder eine Konstellation markiert in der modernen Astronomie ein bestimmtes Gebiet am Himmel. Jedes Gebiet umfasst mehrere Sterne, die – durch imaginäre Linien verbunden – ein Bild darstellen, wie beispielsweise eine Sagengestalt oder ein Tier. Einige sind kaum sichtbar und schwer zu finden, während man andere gut an ihren hellen, auffälligen Sternen erkennt. Da die Erde um die Sonne kreist, verschieben sich die Sternbilder scheinbar am Himmel, sodass sie zu unterschiedlichen Zeiten sichtbar sind.

Karte der Sternbilder

Die meisten Sternkarten zeigen die Sternbilder (Konstellationen). Zu einem Sternbild gehören nicht nur die Sterne, die das Bild ergeben, sondern auch alle anderen Sterne und Objekte in dem Gebiet, wie z. B. Nebel und Galaxien.

ASTERISMUS

In einigen Sternbildern ergeben kleinere Sterngruppen ein eigenes Muster. Diese nennt man Asterismen. Im Löwen bilden sechs Sterne die sogenannte »Sichel«.

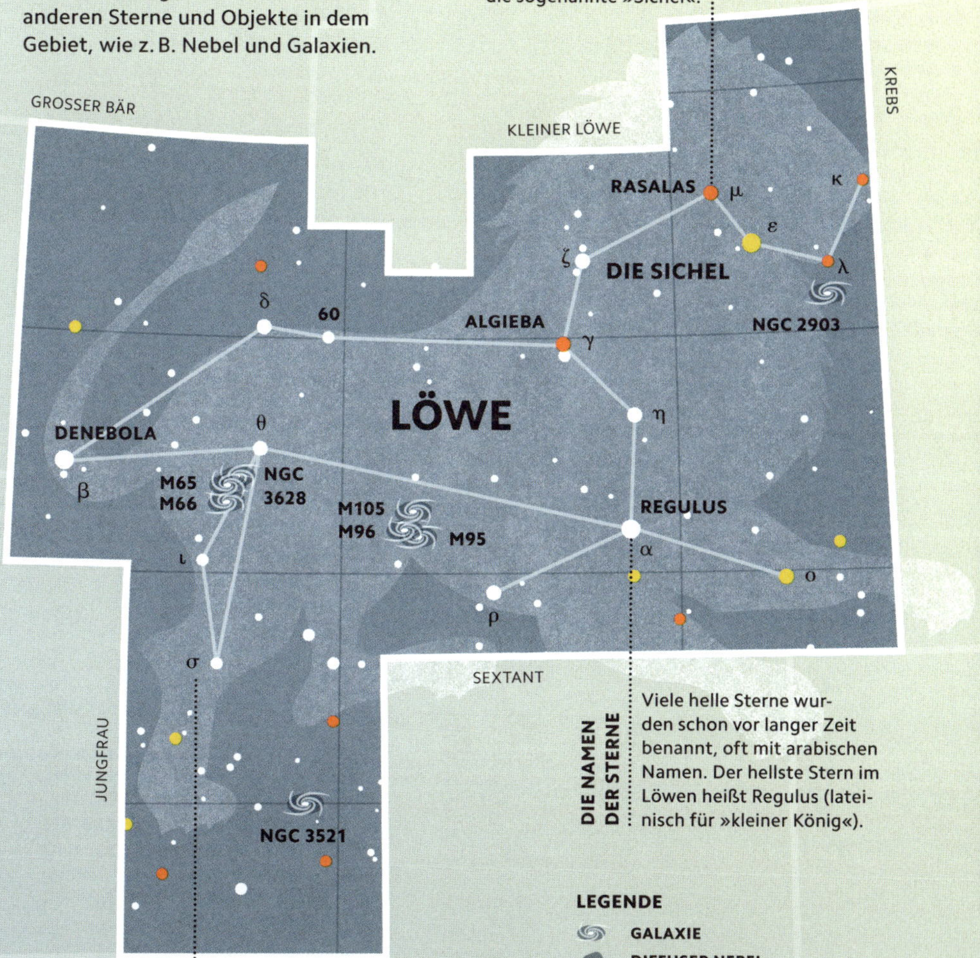

DIE NAMEN DER STERNE

Viele helle Sterne wurden schon vor langer Zeit benannt, oft mit arabischen Namen. Der hellste Stern im Löwen heißt Regulus (lateinisch für »kleiner König«).

GRIECHISCHE BUCHSTABEN

Zudem werden Sterne mit griechischen Buchstaben bezeichnet. Der hellste Stern im Sternbild erhält in der Regel den Buchstaben Alpha (α), der zweithellste Beta (β) und so weiter.

LEGENDE

- GALAXIE
- DIFFUSER NEBEL
- PLANETARISCHER NEBEL ODER SUPERNOVA-ÜBERREST
- SCHWARZES LOCH
- OFFENER STERNHAUFEN
- KUGELSTERNHAUFEN

BILDER AM NACHTHIMMEL

Die meisten heute bekannten Sternbilder sind aus sehr alten historischen Aufzeichnungen überliefert und stammen ursprünglich von den Babyloniern und Griechen. Die Internationale Astronomische Union (IAU) legte 1922 eine endgültige Liste von 88 Konstellationen fest. Im Folgenden werden sie mit ihren üblichen deutschen und den fachsprachlichen lateinischen oder griechischen Bezeichnungen vorgestellt, ungefähr der Reihe nach von Norden nach Süden.

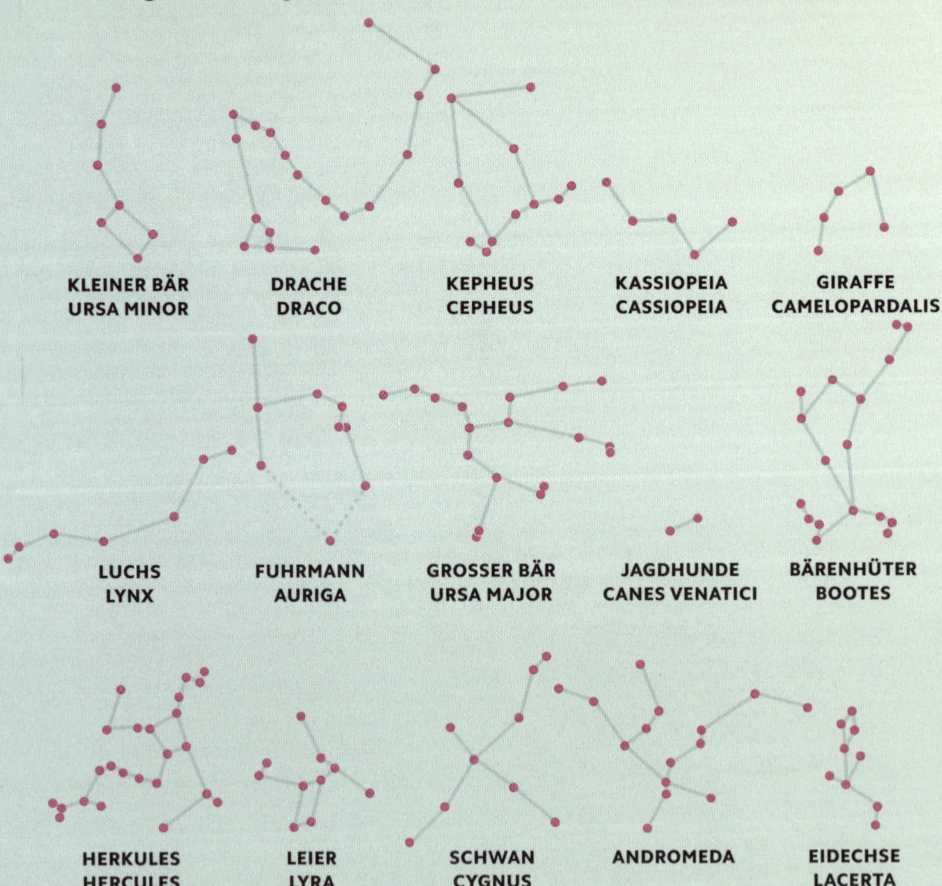

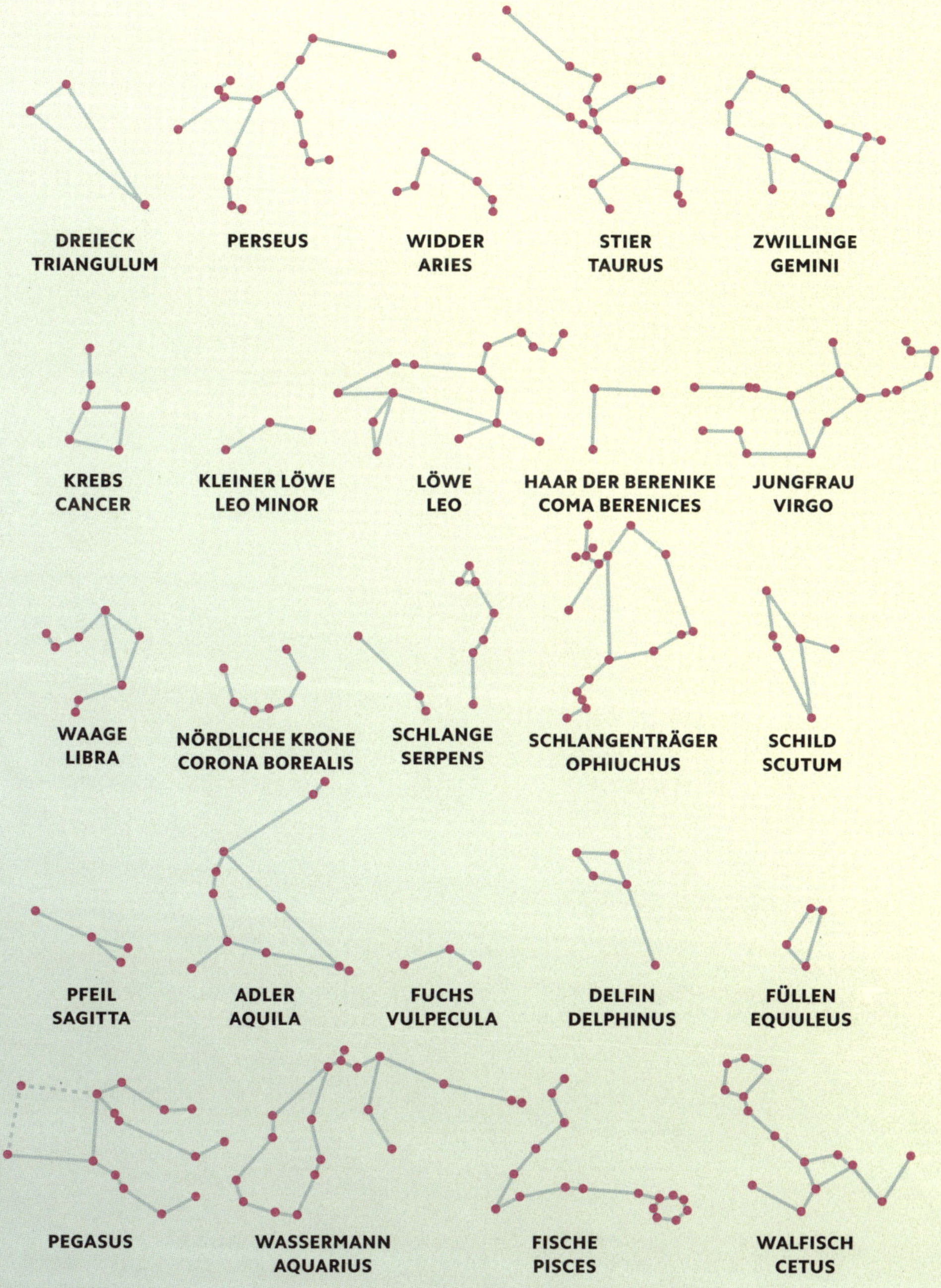
DREIECK
TRIANGULUM
PERSEUS
WIDDER
ARIES
STIER
TAURUS
ZWILLINGE
GEMINI
KREBS
CANCER
KLEINER LÖWE
LEO MINOR
LÖWE
LEO
HAAR DER BERENIKE
COMA BERENICES
JUNGFRAU
VIRGO
WAAGE
LIBRA
NÖRDLICHE KRONE
CORONA BOREALIS
SCHLANGE
SERPENS
SCHLANGENTRÄGER
OPHIUCHUS
SCHILD
SCUTUM
PFEIL
SAGITTA
ADLER
AQUILA
FUCHS
VULPECULA
DELFIN
DELPHINUS
FÜLLEN
EQUULEUS
PEGASUS
WASSERMANN
AQUARIUS
FISCHE
PISCES
WALFISCH
CETUS

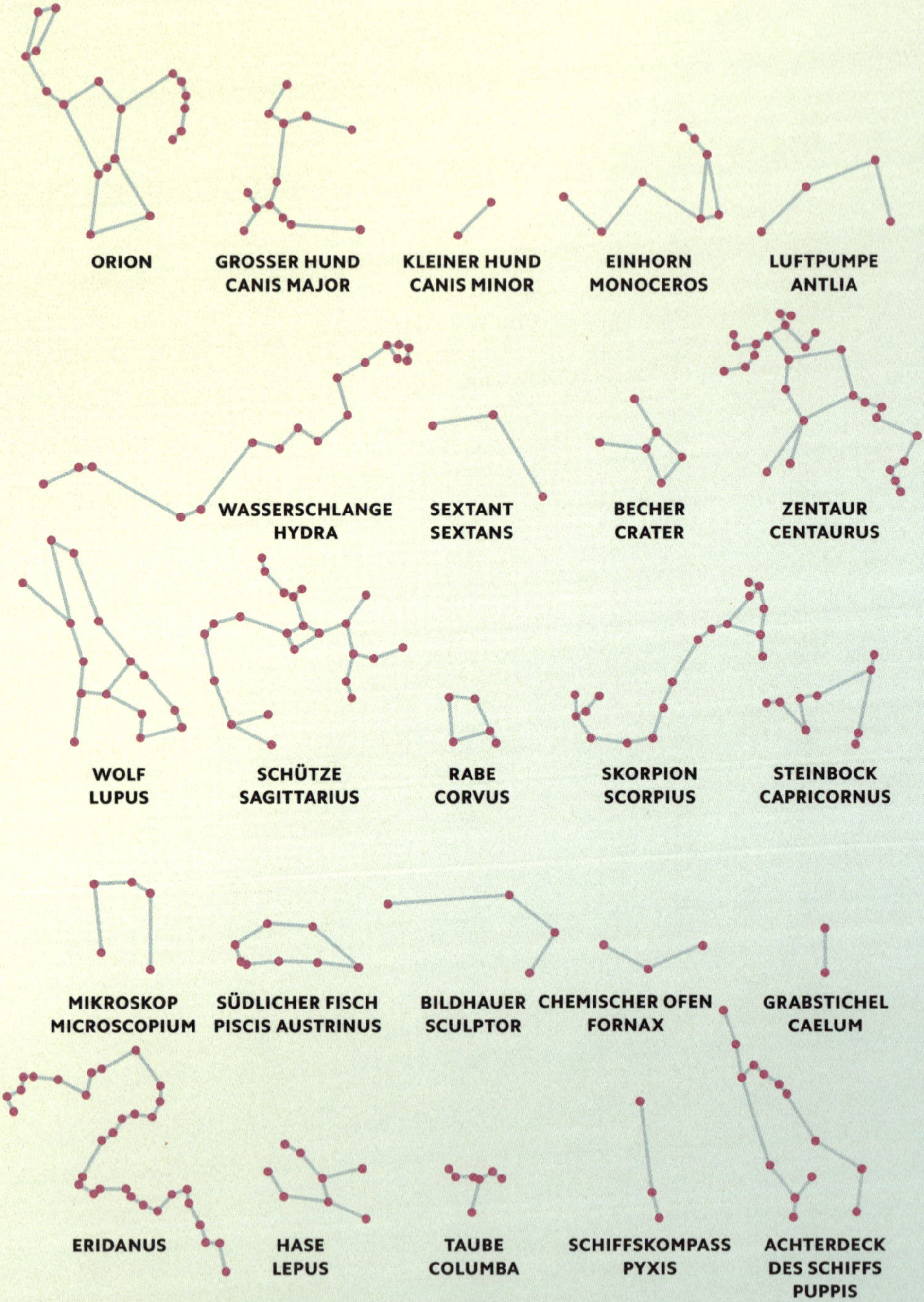
ORION
GROSSER HUND
CANIS MAJOR
KLEINER HUND
CANIS MINOR
EINHORN
MONOCEROS
LUFTPUMPE
ANTLIA
WASSERSCHLANGE
HYDRA
SEXTANT
SEXTANS
BECHER
CRATER
ZENTAUR
CENTAURUS
WOLF
LUPUS
SCHÜTZE
SAGITTARIUS
RABE
CORVUS
SKORPION
SCORPIUS
STEINBOCK
CAPRICORNUS
MIKROSKOP
MICROSCOPIUM
SÜDLICHER FISCH
PISCIS AUSTRINUS
BILDHAUER
SCULPTOR
CHEMISCHER OFEN
FORNAX
GRABSTICHEL
CAELUM
ERIDANUS
HASE
LEPUS
TAUBE
COLUMBA
SCHIFFSKOMPASS
PYXIS
ACHTERDECK
DES SCHIFFS
PUPPIS

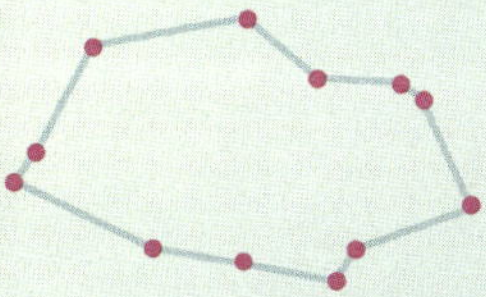

SEGEL DES SCHIFFS
VELA

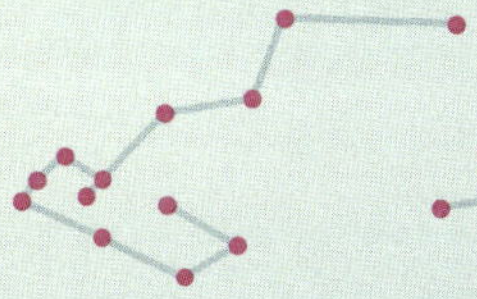

KIEL DES SCHIFFS
CARINA

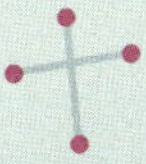

KREUZ DES SÜDENS
CRUX

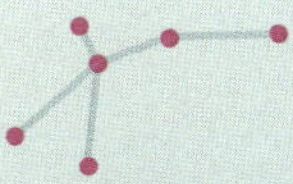

FLIEGE
MUSCA

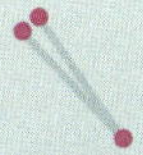

ZIRKEL
CIRCINUS

WINKELMASS
NORMA

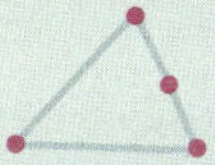

SÜDLICHES DREIECK
TRIANGULUM AUSTRALE

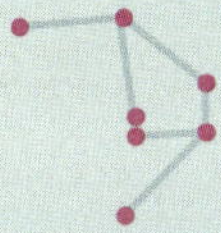

ALTAR
ARA

SÜDLICHE KRONE
CORONA AUSTRALIS

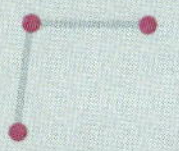

TELESKOP
TELESCOPIUM

INDIANER
INDUS

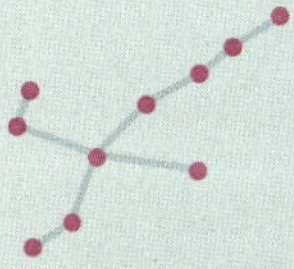

KRANICH
GRUS

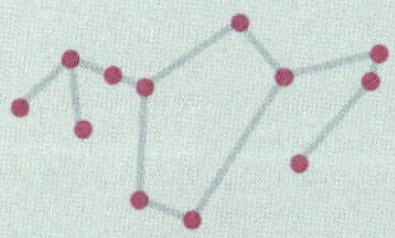

PHÖNIX
PHOENIX

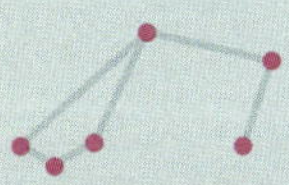

TUKAN
TUCANA

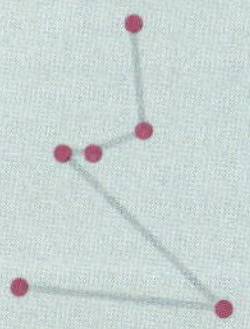

KLEINE WASSER-SCHLANGE
HYDRUS

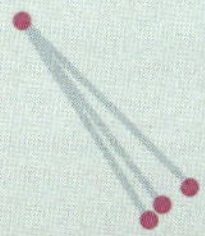

PENDELUHR
HOROLOGIUM

NETZ
RETICULUM

MALER
PICTOR

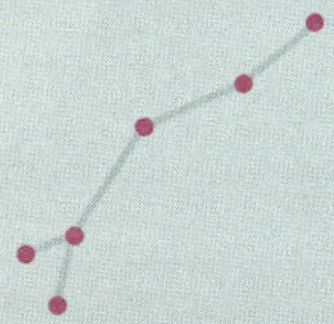

SCHWERTFISCH
DORADO

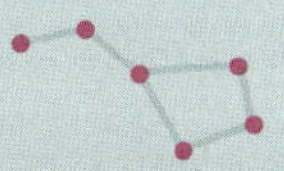

FLIEGENDER FISCH
VOLANS

TAFELBERG
MENSA

CHAMÄLEON
CHAMAELEON

PARADIESVOGEL
APUS

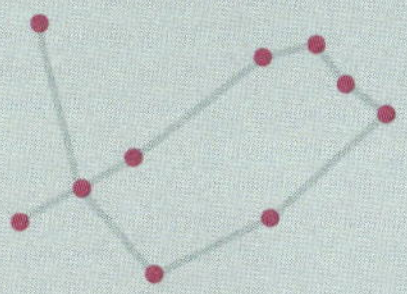

PFAU
PAVO

OKTANT
OCTANS

NÖRDLICHER STERNHIMMEL

Die Sterne bewegen sich scheinbar langsam über den Nachthimmel. Nur ein Stern im Kleinen Bären steht nahe des Himmelsnordpols beinahe still. Es ist der Polarstern, der den Seeleuten jahrhundertelang die Nordrichtung anzeigte.

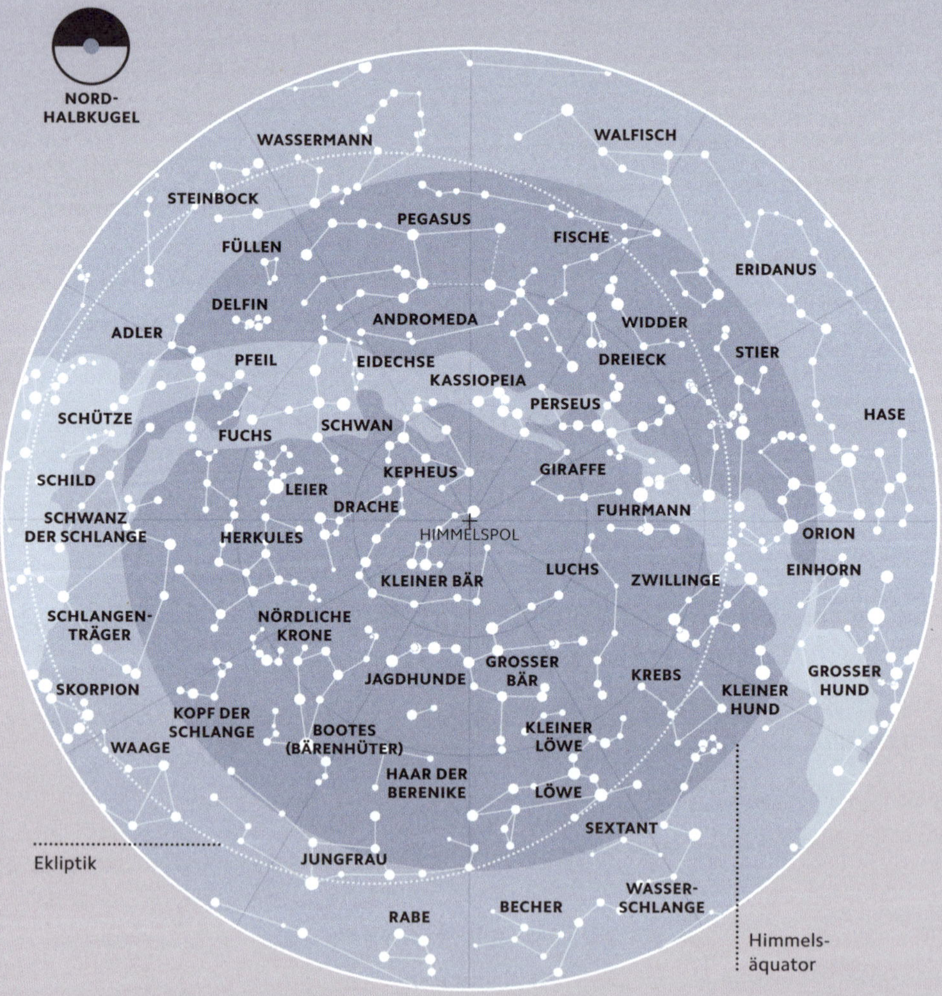

SÜDLICHER STERNHIMMEL

Auf der Südhalbkugel gibt es nahe des Himmelssüdpols keinen Stern, der als Navigationshilfe dienen könnte. Zum Ausgleich bietet der Nachthimmel dort die hellsten Sternbilder und die schönsten Ansichten der Milchstraße.

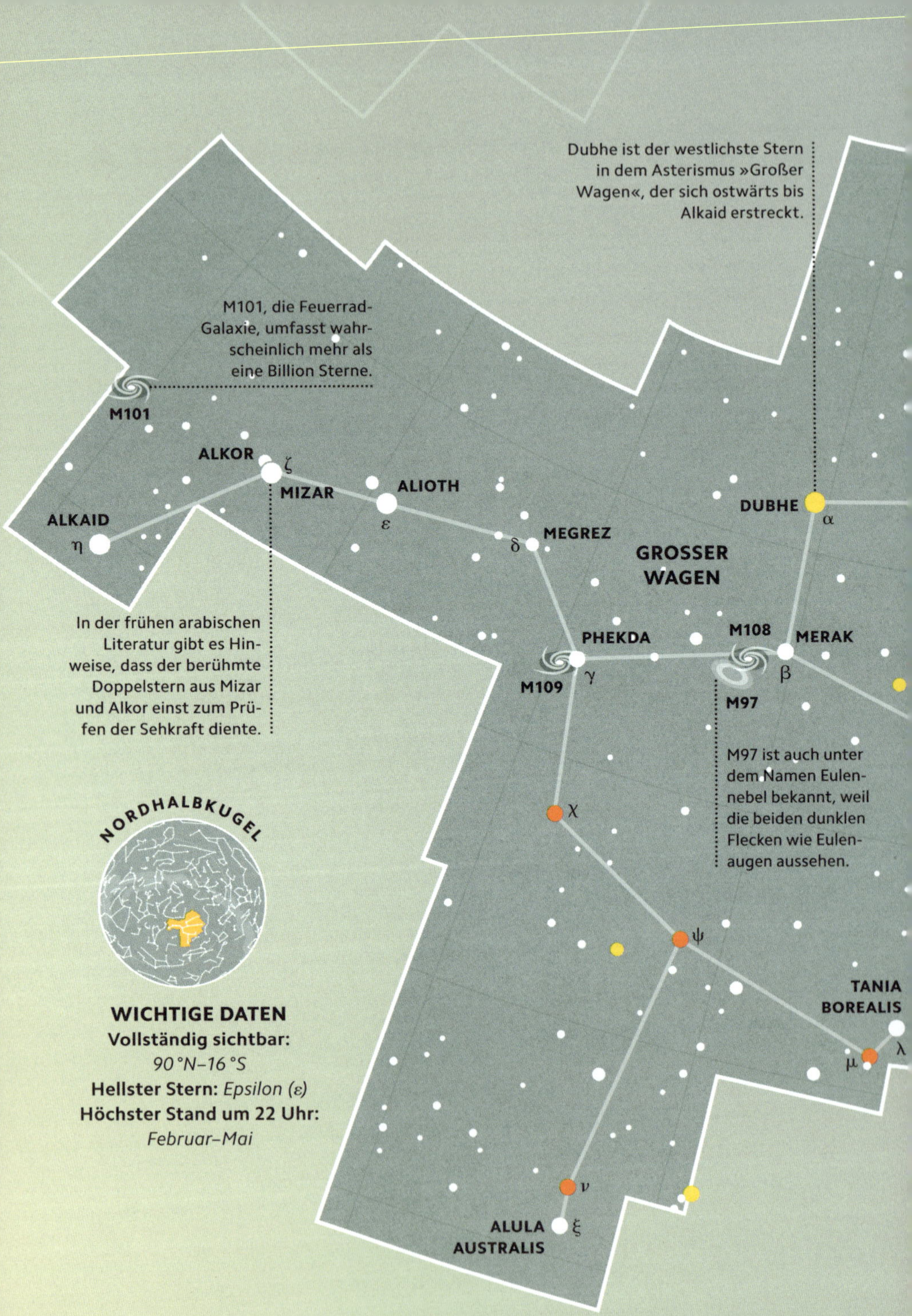

WICHTIGE DATEN
Vollständig sichtbar: *90 °N–16 °S*
Hellster Stern: *Epsilon (ε)*
Höchster Stand um 22 Uhr: *Februar–Mai*

DER GROSSE BÄR

Der Große Bär ist das drittgrößte Sternbild am nördlichen Nachthimmel und bedeckt dort eine weite Fläche. Man erkennt es gut an dem Asterismus (der Sterngruppe) des Großen Wagens. Der Große Bär kommt in zahlreichen verschiedenen Sagen und Legenden vor, z. B. im alten Griechenland, in China und in Nordamerika. Auch im Alten Testament der Bibel und in der *Ilias* von Homer findet man Bezüge auf dieses sehr bekannte Sternbild.

Der Bär des Nordens
Der Bär erstreckt sich von seiner Schwanzspitze Alkaid (η) über Phekda (γ), Merak (β) und Dubhe (α) bis Muscida (ο) im Kopf.

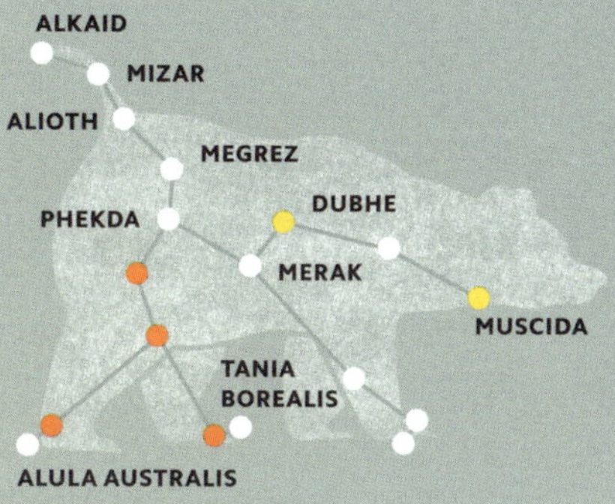

STARHOPPING AB DEM GROSSEN WAGEN

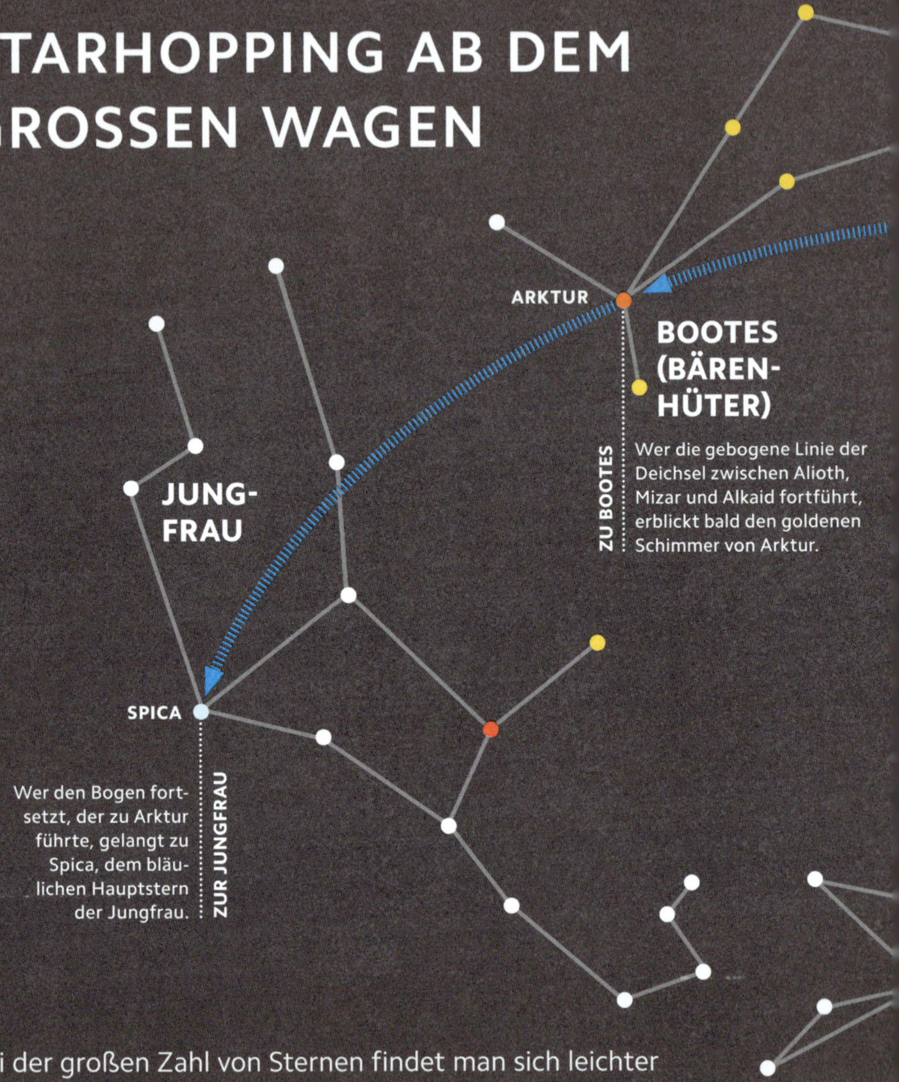

Bei der großen Zahl von Sternen findet man sich leichter zurecht, wenn man von gut erkennbaren Sterngruppen ausgeht. Sie können den Weg zu anderen Sternen weisen. Auf der Nordhalbkugel bildet der Große Wagen einen guten Ausgangspunkt. Dieser markante Asterismus umfasst mehrere helle Sterne, die die ganze Nacht lang sichtbar sind.

KLEINER BÄR
POLARSTERN
ALKAID
MIZAR
ALIOTH
MEGREZ
START AM GROSSEN WAGEN (IM GROSSEN BÄREN)
PHEKDA
DUBHE
MERAK
Eine Linie von Merak zu Dubhe lässt sich bis Polaris, dem nördlichen Polarstern, fortsetzen.
ZUM KLEINEN BÄREN
LÖWE
Anhand einer gedachten Linie von Megrez bis Phekda, die aus dem Großen Bären hinaus weiterführt, kommt man zu Regulus. Er ist der helle Hauptstern des Löwen.
REGULUS
ZUM LÖWEN

Wichtige Daten
Vollständig sichtbar:
90 °N–29 °S
Hellster Stern: *Deneb (α)*
Höchster Stand um 22 Uhr:
August–September

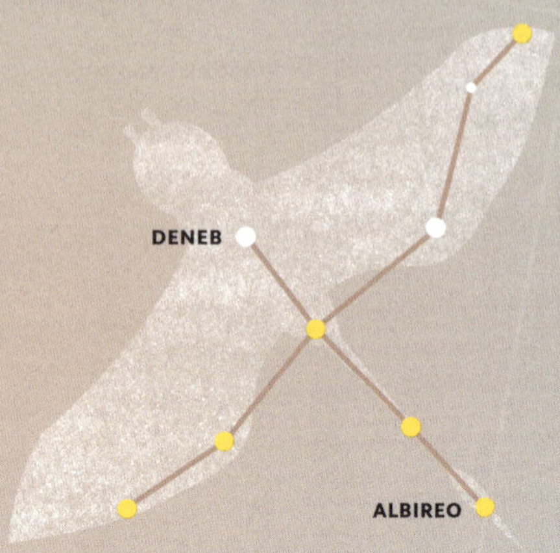

In gestrecktem Flug
Der Schwan (Cygnus) erstreckt sich von Deneb (α) am Schwanzende bis Albireo (β) in seinem Kopf. Zwischen ihnen erstrecken sich zu beiden Seiten die Flügel.

DER SCHWAN

Die Hauptsterne im Schwan stellen nicht nur ein Tier im Flug durch die Milchstraße dar, sondern bilden auch den Asterismus des »Kreuz des Nordens«. An dunklen Beobachtungsorten erkennt man bereits im Fernglas Myriaden von Sternhaufen sowie Gas- und Staubwolken. Der Schwan spielt eine wichtige Rolle in griechischen und römischen Sagen sowie in der Mythologie Chinas und einiger polynesischer Inseln. Bemerkenswerte Objekte im Sternbild sind Cygnus X-1, das erste dokumentierte Schwarze Loch, der Cygnus-Bogen als Überrest einer 10 000 Jahre alten Supernova und NGC 7000, der Nordamerikanebel.

Deneb ist mindestens 1500 Lichtjahre entfernt und damit der am weitesten entfernte Stern der Größenklasse 1 am Nachthimmel.

NGC 6826 ist ein planetarischer Nebel, der in kleinen Teleskopen sichtbar wird, wenn man den hellen, zentralen Stern nicht direkt ins Visier nimmt.

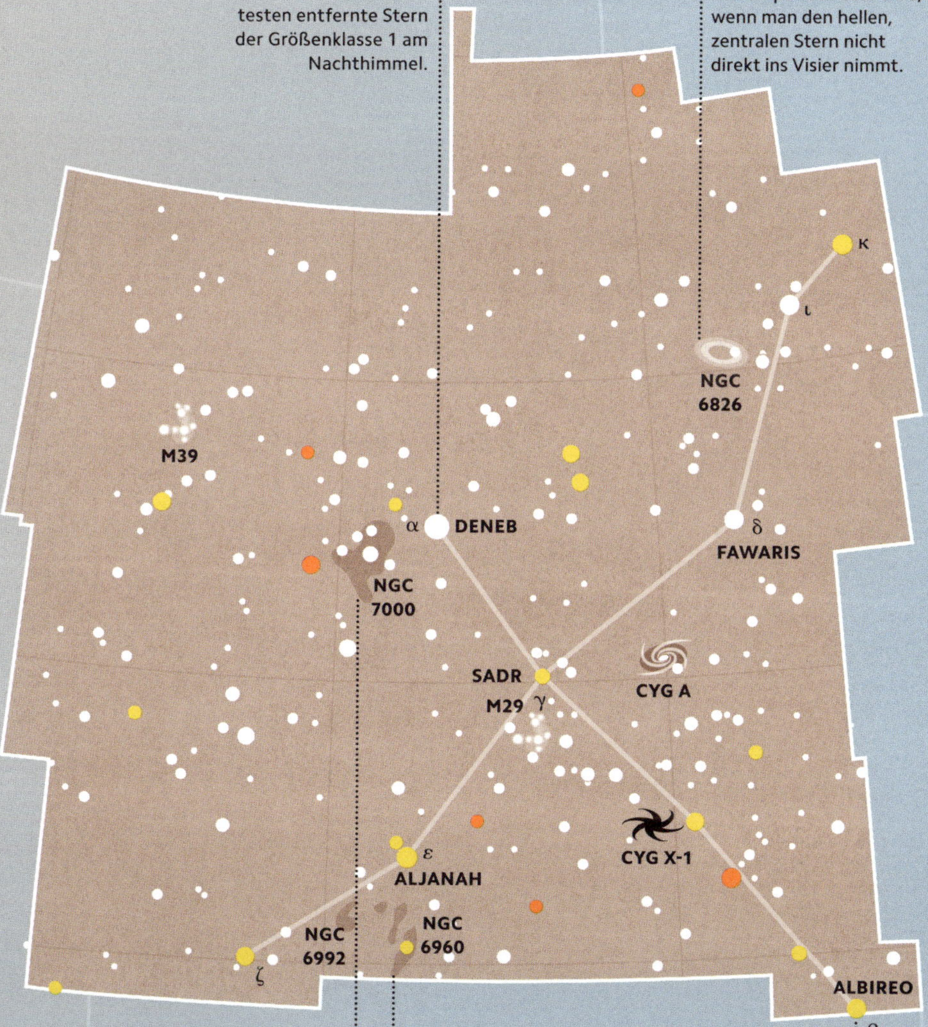

NGC 7000 wird aufgrund der Ähnlichkeit auch Nordamerikanebel genannt.

NGC 6992 und 6960 sind Abschnitte des Cirrusnebels, dem optisch sichtbaren Teil des Cygnus-Bogens.

Albireo ist ein heller Doppelstern, gut im Teleskop erkennbar.

ZUM PERSEUS
Die Diagonale von Markab bis Alpheratz führt weiter durch das Sternbild Andromeda bis hin zum Stern Mirfak im Perseus.
Wenn man die Linie von Algenib nach Alpheratz fortsetzt, erblickt man bald Caph im »W« der Kassiopeia.
ZUR KASSIOPEIA
CAPH
MIRFAK
KASSIOPEIA
PERSEUS
ANDROMEDA
WIDDER
HAMAL
ALPHERATZ
ZUM WIDDER
Wer die Linie von Scheat bis Alpheratz fortsetzt, gelangt zu Hamal, dem hellsten Stern im Widder.
ALGENIB

STARHOPPING AB DEM HERBSTVIERECK

Von September bis November steht am Nachthimmel gut sichtbar ein Quadrat aus vier Sternen, von dem aus man mehrere Sternbilder finden kann. Die vier Ecksterne des Asterismus »Herbstviereck« sind zwar nicht besonders hell, aber in dieser sonst sternarmen Region dennoch gut erkennbar. Drei der Sterne gehören zum Sternbild Pegasus und Alpheratz, der bläuliche Stern links oben, ist der Hauptstern des benachbarten Sternbilds Andromeda.

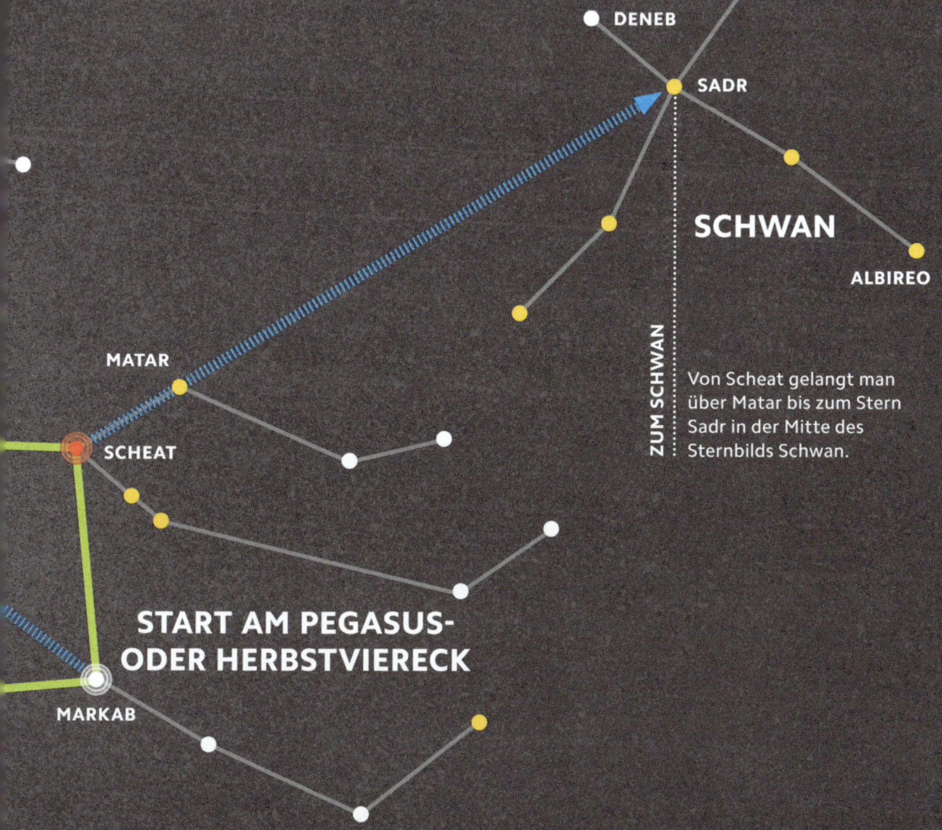

Von Scheat gelangt man über Matar bis zum Stern Sadr in der Mitte des Sternbilds Schwan.

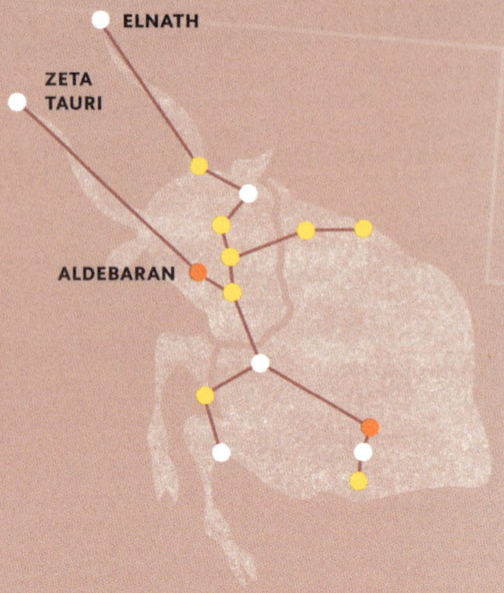

Der große Himmelsstier
Das Sternbild zeigt nur den Vorderkörper eines Stiers. Zeta Tauri (ζ) und Elnath (β) kennzeichnen die Spitzen der Hörner und Aldebaran (α) ist das Auge des Stiers. Die darunterliegenden Sterne bilden die Vorderbeine und den Oberkörper.

Der Krebsnebel oder M1 ist ein Supernova-Überrest, den der englische Astronom John Bevis bereits 1731 entdeckte.

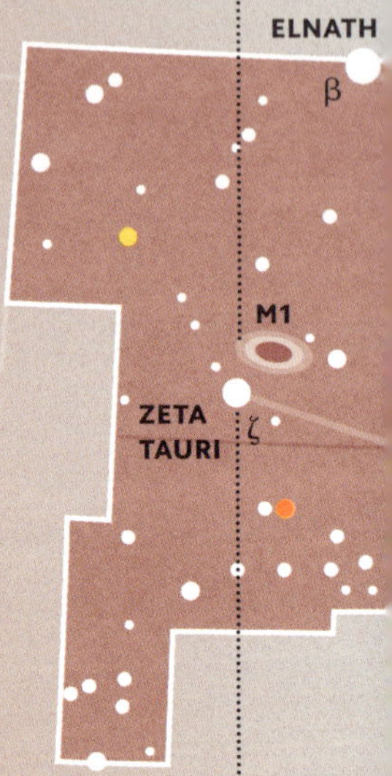

Zeta Tauri, ein Doppelstern, ist rund 440 Lichtjahre entfernt.

DER WÜTENDE STIER

Das Sternbild Stier am Nordhimmel wird mit Legenden aus vielen alten Kulturen in Verbindung gebracht. Ab 4000 v. Chr. kündigte der Anblick der aufgehenden Sonne im Stier in Mesopotamien die Frühjahrs-Tagundnachtgleiche an. Im Stier liegen die Hyaden, ein gut erforschter Sternhaufen in rund 153 Lichtjahren Entfernung. Einige seiner Sterne entwickeln sich gerade zu Riesensternen. Sie sind mit bloßen Augen erkennbar, ebenso wie der benachbarte Sternhaufen der Plejaden.

Die Plejaden heißen auch Siebengestirn. Sie umfassen mehr als 1000 Sterne, aber mit dem bloßen Auge sieht man nur etwa sieben.

Wichtige Daten
Vollständig sichtbar:
90°N–58°S
Hellster Stern:
Aldebaran (α)
Höchster Stand um
22 Uhr: *Dezember–Januar*

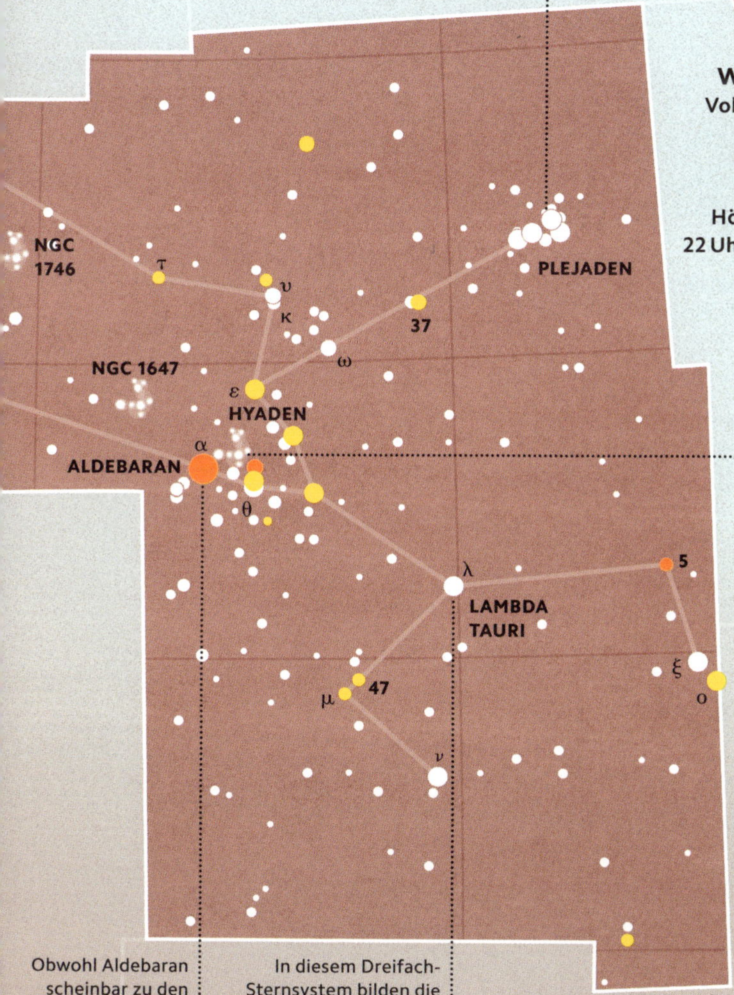

Die Hyaden sind nur 153 Lichtjahre entfernt und damit der erdnächste offene Sternhaufen.

Obwohl Aldebaran scheinbar zu den Hyaden gehört, ist er in Wirklichkeit 88 Lichtjahre von ihnen entfernt.

In diesem Dreifach-Sternsystem bilden die beiden Hauptsterne gleichzeitig einen Doppelstern, den der dritte periodisch verdeckt.

> »Ich sah den großen Orion … den Himmelskrieger mit erhobenen Gliedern …«
>
> William C. Bryant

Wenn Beteigeuze explodiert, wird sie mehr Energie freisetzen, als die Sonne in ihrer gesamten Lebensdauer produziert.

Der blau-weiße Riese Bellatrix hat seinen Namen von dem lateinischen Wort für »Kriegerin«.

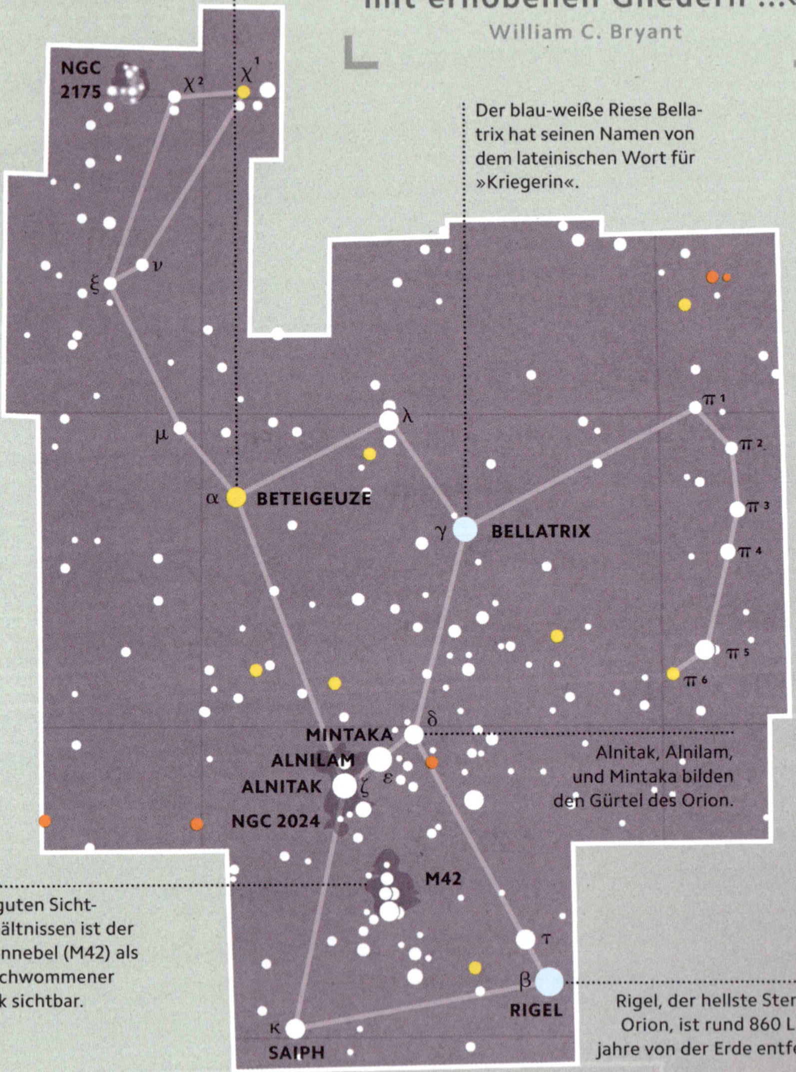

Alnitak, Alnilam, und Mintaka bilden den Gürtel des Orion.

Bei guten Sichtverhältnissen ist der Orionnebel (M42) als verschwommener Fleck sichtbar.

Rigel, der hellste Stern im Orion, ist rund 860 Lichtjahre von der Erde entfernt.

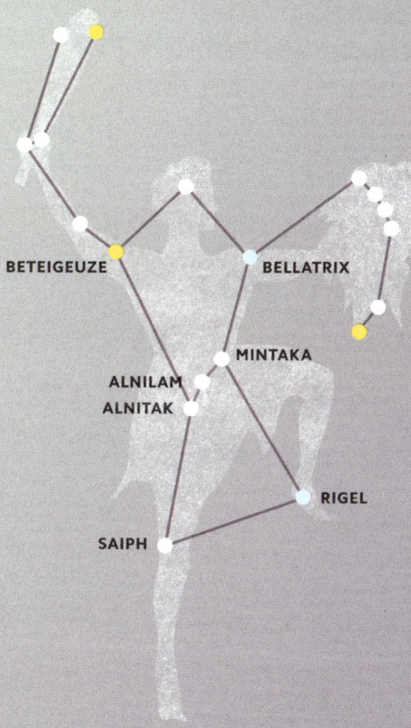

Der gegürtete Krieger
Beteigeuze (α) und Bellatrix (γ) markieren die Schultern des Orion. Unter dem Gürtel liegen Saiph (κ), das Knie, und Rigel (β), der Fuß.

Wichtige Daten:
Vollständig sichtbar: *79 °N–67 °S*
Hellster Stern: *Rigel (β)*
Höchster Stand um 22 Uhr: *Dezember–Januar*

DER HIMMELSJÄGER

Orion hat mehr helle Sterne als jedes andere Sternbild und zieht daher von Januar bis März alle Augen auf sich. Die hellsten Sterne sind der rötlich schimmernde Überriese Beteigeuze und der blaue Überriese Rigel. Weitere auffällige Merkmale des Himmelsjägers sind der Gürtel des Orion, ein Asterismus aus drei Sternen, sowie das Schwert des Orion, das vom Gürtel herabhängt und den Orionnebel (M42) beherbergt, der Hunderte von jungen, hellen Sternen umfasst.

STARHOPPING AB DEM ORION

Das helle Sternbild Orion ist eine hervorragende Ausgangsbasis für die Erkundung des Wintersternhimmels. Auf der Nordhalbkugel ist es über dem südlichen Horizont und auf der Südhalbkugel über dem nördlichen Horizont leicht auffindbar. Die vielfältigen geometrischen Formen ermöglichen die Linienverlängerung hin zu zahlreichen hellen, benachbarten Sternen und den zugehörigen Sternbildern.

> **Die Milchstraße erstreckt sich vom Großen Hund links an Orion vorbei bis zum Fuhrmann.**

CASTOR
ZU DEN ZWILLINGEN
Wer vom strahlenden Rigel zuerst zu Beteigeuze und dann etwa doppelt so weit weiterspringt, landet unweigerlich bei Castor.
POLLUX
ZWILLINGE
FUHRMANN
CAPELLA
ELNATH
ZUM FUHRMANN
Wenn man von Beteigeuze aus eine Linie an den Hörnern des Stiers vorbei zieht, gelangt man direkt zu Capella, dem hellsten Stern im Fuhrmann.
BETEIGEUZE
ALDEBARAN
STIER
BELLATRIX
GÜRTEL DES ORION
ORION
START BEI ORION
RIGEL
ZUM STIER
Eine gerade Linie, die vom Gürtel des Orion aus den oberen Rand des Schilds des Orion passiert, führt geradewegs zu Aldebaran, dem roten Auge des Stiers.

DER SCHÜTZE

Schon seit dem 11. Jahrhundert vor Christus wird das Sternbild Schütze als Zentaur (halb Mensch, halb Pferd) mit gespanntem Bogen gesehen. Der Blick zum Schützen ist gleichzeitig ein Blick ins Zentrum der Milchstraße, wo sich das supermassereiche Schwarze Loch Sagittarius A* (SGR A*) befindet. In diesem leuchtenden Band am Himmel sind zahlreiche dunkle und helle Nebel, Kugelsternhaufen und offene Sternhaufen verstreut. Mitten im Sternbild formen acht helle Sterne einen Asterismus, der im englischen Sprachraum als *Teapot* (»Teekessel«) bezeichnet wird.

> **Die hellen Wolken des Lagunennebels (M8) erstrecken sich dreimal so weit wie die Breite eines Vollmonds.**

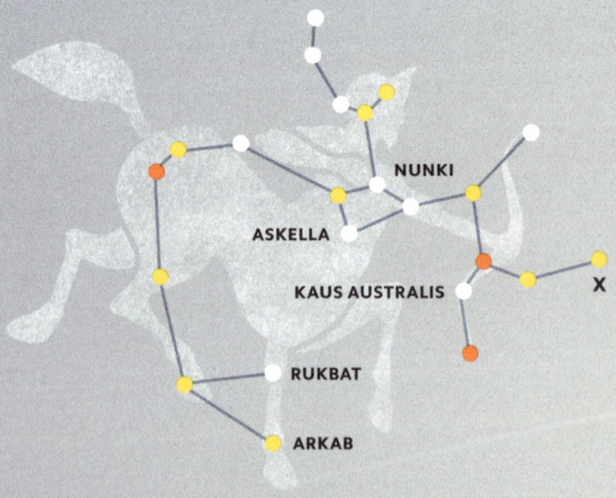

Zentaur mit Bogen
Kaus Australis (ε) liegt im Bogen, der von der Hand des Schützen gespannt wird. Dort ist Nunki (σ). Direkt darunter, im Oberkörper, sitzt Askella (ζ). Rukbat (α) und Arkab ($β^1$) bilden ein Vorderbein.

NGC 6818 ist ein farbenprächtiger planetarischer Nebel, der etwa 6000 Lichtjahre entfernt ist.

Der Omeganebel (M17) hat eine gewisse Ähnlichkeit mit dem griechischen Buchstaben Omega.

Dieses supermassereiche Schwarze Loch hat etwa 4 Mio. Sonnenmassen.

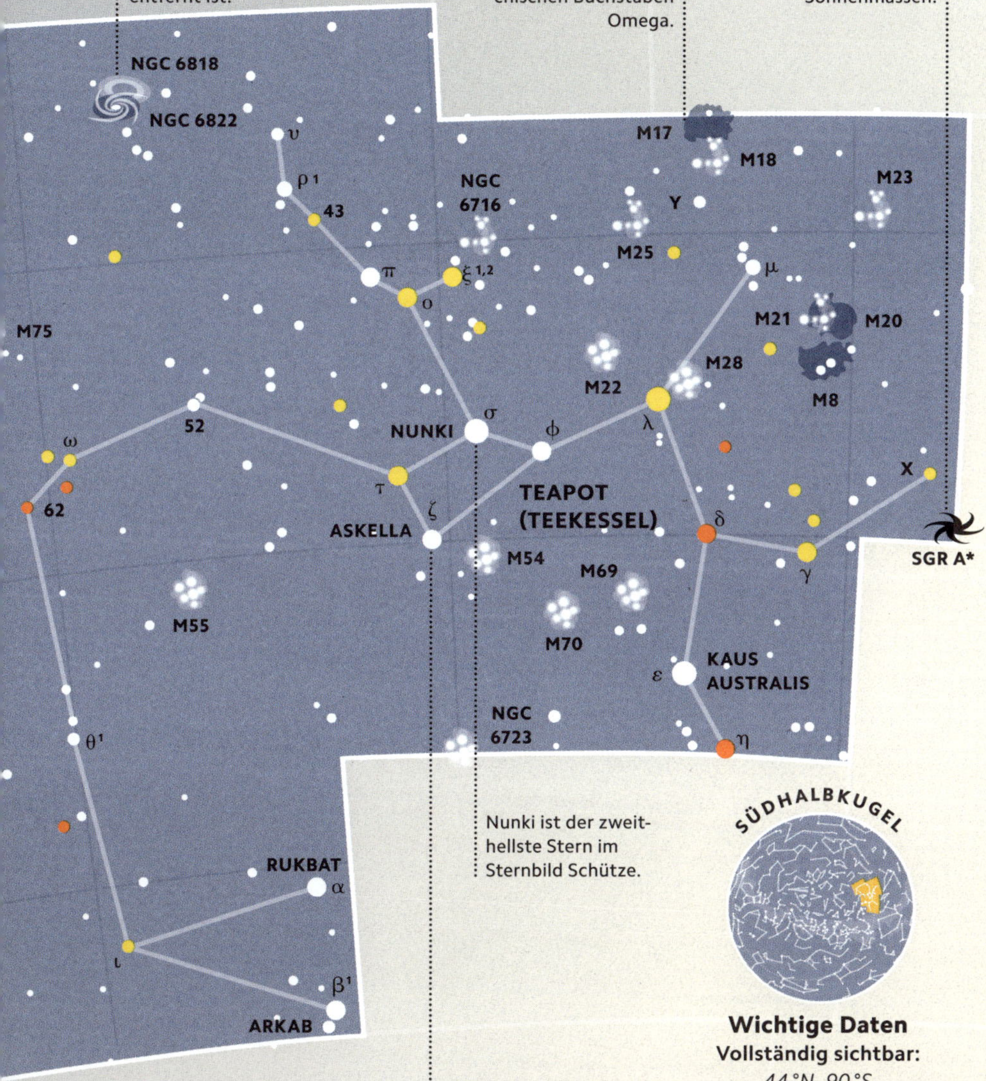

Nunki ist der zweithellste Stern im Sternbild Schütze.

Askella ist ein Dreifachsystem, das heißt, es besteht aus drei Sternen.

Wichtige Daten

Vollständig sichtbar: *44 °N–90 °S*

Hellster Stern: *Epsilon (ε)*

Höchster Stand um 22 Uhr: *Juli–August*

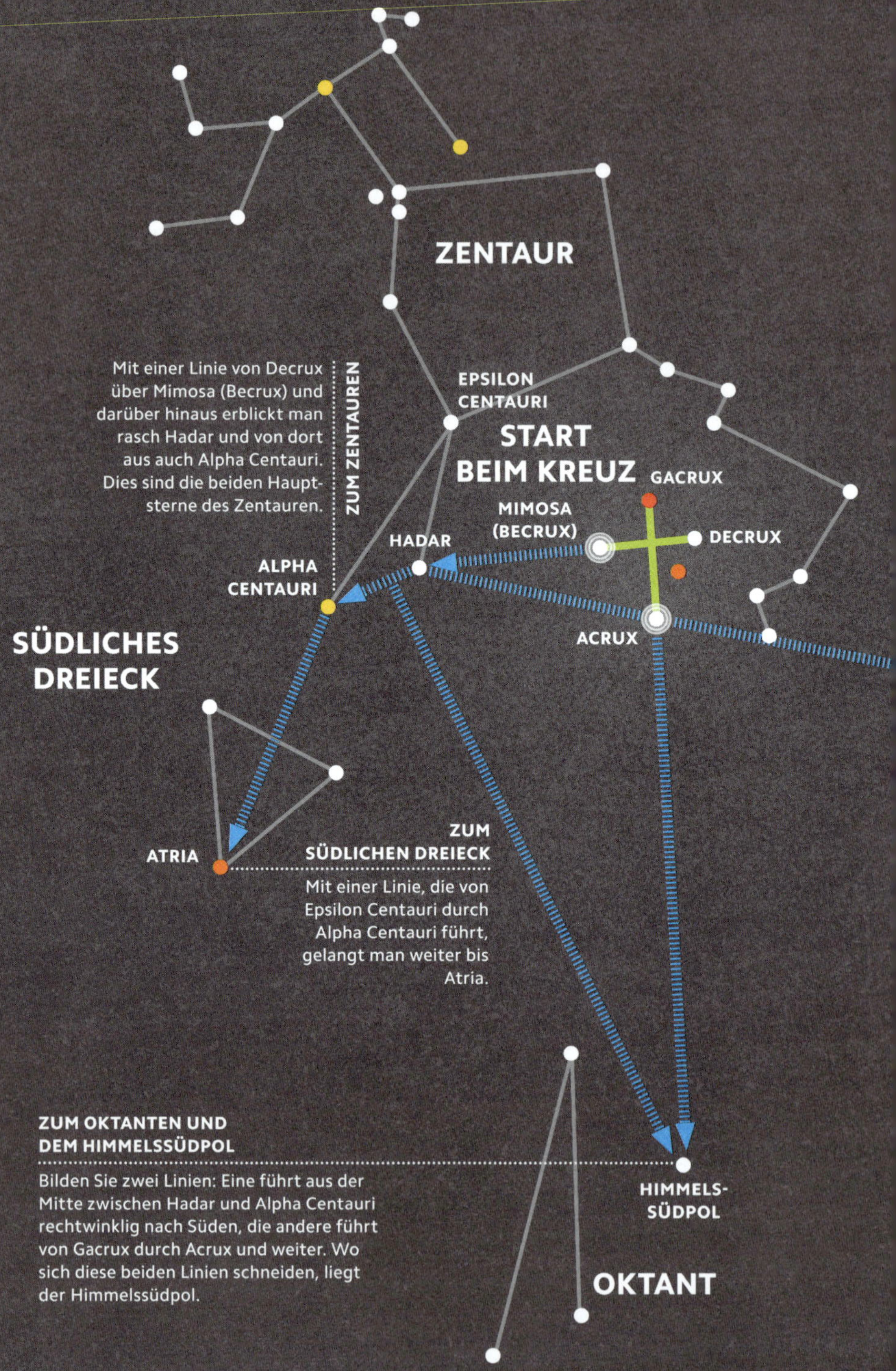
ZENTAUR
EPSILON CENTAURI
START BEIM KREUZ
GACRUX
MIMOSA (BECRUX)
DECRUX
HADAR
ACRUX
ALPHA CENTAURI
ZUM ZENTAUREN
Mit einer Linie von Decrux über Mimosa (Becrux) und darüber hinaus erblickt man rasch Hadar und von dort aus auch Alpha Centauri. Dies sind die beiden Hauptsterne des Zentauren.
SÜDLICHES DREIECK
ATRIA
ZUM SÜDLICHEN DREIECK
Mit einer Linie, die von Epsilon Centauri durch Alpha Centauri führt, gelangt man weiter bis Atria.
ZUM OKTANTEN UND DEM HIMMELSSÜDPOL
Bilden Sie zwei Linien: Eine führt aus der Mitte zwischen Hadar und Alpha Centauri rechtwinklig nach Süden, die andere führt von Gacrux durch Acrux und weiter. Wo sich diese beiden Linien schneiden, liegt der Himmelssüdpol.
HIMMELS-SÜDPOL
OKTANT

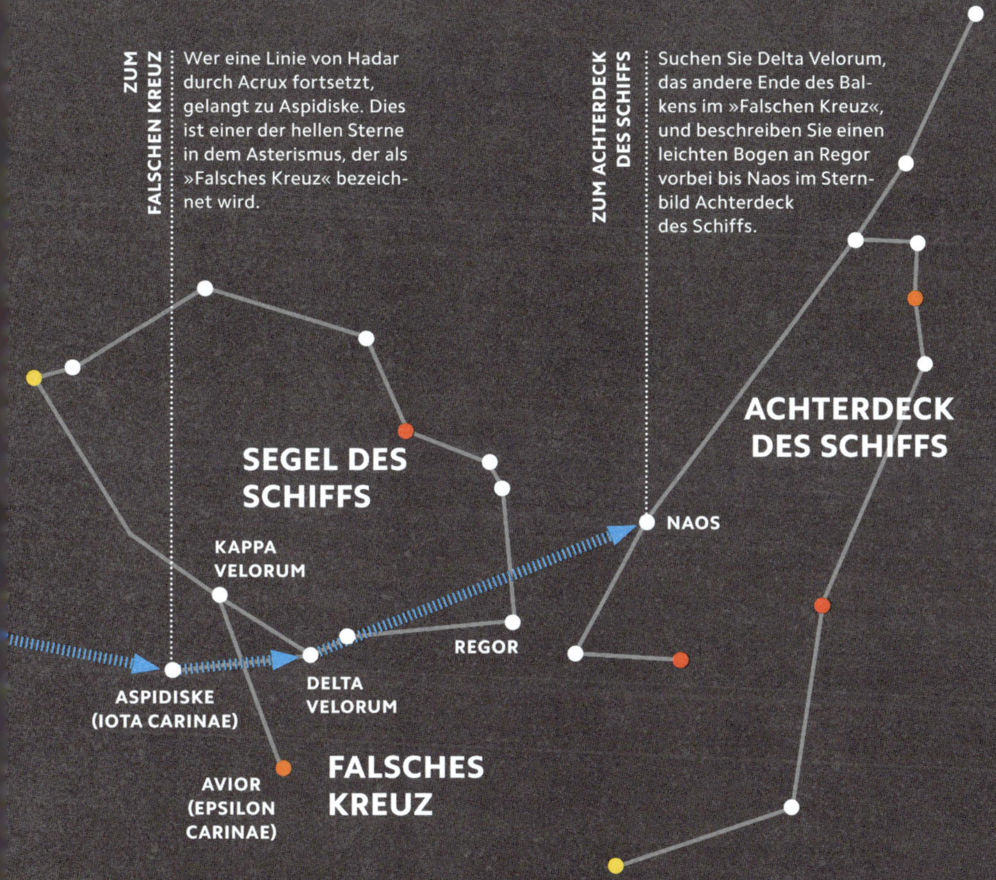

STARHOPPING AB DEM KREUZ DES SÜDENS

Auf der Südhalbkugel ist das Kreuz des Südens das ganze Jahr über sichtbar, ebenso wie im Norden der Große Wagen. Beide sieht man sogar in Gegenden mit hoher Lichtverschmutzung. Das Kreuz ist das kleinste aller Sternbilder und dennoch ein hervorragender Wegweiser zu anderen Sternbildern – und auch zum Himmelssüdpol.

REGISTER

Fette Seitenzahlen verweisen auf Haupteinträge.

L

M

N

O

P

DANK UND BILDNACHWEIS

Der DK Verlag dankt Helen Peters für das Register, Luis Ribeiro für seinen Beitrag zur Illustration des Laniakea-Superhaufens auf S. 107 sowie Suhita Dharamjit, Harish Aggarwal und Priyanka Sharma für die Umschlaggestaltung.

Der Verlag dankt folgenden Personen und Organisationen für die freundliche Genehmigung zum Abdruck von Fotos:

(Abkürzungen: o = oben; u = unten; m = Mitte; l = links; r = rechts; g = ganz; Hg = Hintergrund)
38–39 NASA: Johns Hopkins University Applied Physics Laboratory/Carnegie Institution of Washington (Merkur). **40–41 NASA:** JPL (Venus). **42–43 NASA:** (Erde). **44–45 NASA:** JPL/USGS (Mond). **46–47 NASA:** JPL/USGS (Mond). **50–51 NASA:** JPL/USGS (Mars). **56–57 NASA:** JPL/University of Arizona (Jupiter). **59 NASA:** JPL/LR (gol); JPL/University of Arizona (mlo); JPL/DLR (mro); NASA Visualization Technology Applications and Development (VTAD) (mlu). **60–61 NASA:** JPL/Space Science Institute (Saturn). **67 NASA:** JPL.

Umschlagbilder: *Vorn und Rücken:* **Dreamstime.com:** Alhovik.

ZITATNACHWEIS

Der Verlag hat sich bemüht, alle Rechteinhaber ausfindig zu machen. Eventuelle Auslassungen werden wir bei entsprechendem Hinweis gern zu einer späteren Auflage korrigieren. Wenn nicht anders angegeben, wurden die Zitate frei übersetzt.

40 Galileo Galilei, nach: Mehmet Murat İldan, *Galileo Galilei*, Kültür bakanlığı yayınları, 2001. **72** Jan Oort, The Structure of the cloud of comets surrounding the solar system and a hypothesis concerning its origin, In: *Bulletin of the Astronomical Institutes of the Netherlands*, 11(408), 1950, S. 91–110. **100** Sir Martin Rees, *Just six numbers*, Orion, 2014. **103** Galileo Galilei, nach: Edward S. Carlos (Übers.)/Galileo Galilei/Johannes Kepler, *The Sidereal Messenger of Galileo Galilei: And a Part of the Preface to Kepler's Dioptrics Containing the Original Account of Galileo's Astronomical Discoveries*, Rivingtons, 1880. **148** William C. Bryant, *Thirty Poems*, D. Appleton, 1864, S. 108.

Noch mehr Astronomie

ISBN 978-3-8310-3793-3

ISBN 978-3-8310-4248-7

ISBN 978-3-8310-4111-4

ISBN 978-3-8310-5085-7

DK
www.dk-verlag.de

Neugierig auf mehr?